Beate Forsbach & Frauke Daerr

Und dann kam Frieda

Beate Forsbach & Frauke Daerr

Und dann kam Frieda

Ein etwas anderes Welpenbuch

Mit einem Geleitwort vom

Hundeexperten José Arce

Edition Forsbach

Bibliografische Information der Deutschen Nationalbibliothek
Die Deutsche Nationalbibliothek verzeichnet diese Publikation in der Deutschen Nationalbibliografie; detaillierte bibliografische Daten sind im Internet über http://dnb.dnb.de abrufbar.

Edition Forsbach
Hundebücher mit Herz

www.edition-forsbach.de

Printed in Germany
ISBN 978-3-95904-132-4 (Print)
ISBN 978-3-95904-133-1 (E-Book)

In liebevoller Erinnerung an
meine Seelenhündin Senta
und ihr Herrchen Hans Christian.

Ihr wart meine besten Freunde.

Danke für all die Liebe, die ihr mir
und der Welt geschenkt habt.

Inhalt

Geleitwort von José Arce

Als ich Beate Forsbach vor acht Jahren kennenlernte, hatte sie ein Problem mit ihrer Berner Sennenhündin Senta, die einfach nicht ins Auto einsteigen wollte. Damals war ich zu einem persönlichen Workshop bei Beate Forsbach und ihrem Hund, und danach konnten sie viele Reisen zusammen machen.

Als Senta dann gestorben war, empfahl ich ihr, einen ruhigen älteren Hund zu nehmen, vielleicht sogar einen aus dem Tierheim.

Beate Forsbach hat einige Monate um Senta getrauert und sich dann entschlossen, einen Berner Sennenwelpen aufzuziehen – kurz nachdem sie 70 geworden war. Noch bevor die kleine Frieda bei ihr einzog, plante sie schon dieses „etwas andere Welpenbuch“ zu schreiben, zusammen mit Friedas Züchterin Frauke Daerr.

Die erste Zeit mit der kleinen Frieda war anscheinend nicht ganz einfach, aber Beate Forsbach schrieb mir, dass mein Welpenbuch sehr hilfreich für sie gewesen ist! Vor allem gefiel ihr mein Motto:

Die wichtigste Charaktereigenschaft, die ein Hundehalter braucht, ist Souveränität. Das wichtigste Gefühl: Intuition.

Während Beates Intuition schon sehr ausgeprägt war, musste sie die Souveränität üben und dazu auch ihr Mindset aufbauen. Davon berichtet sie in ihrem Buch. Ich halte es für das Wichtigste in der Welpenerziehung, dass du als Hundehalter ein gewisses Maß an Souveränität an den Tag legst, dich nicht ablenken lässt und immer ganz bei der Sache bist!

Denn der Welpe soll ja nicht die ganze Zeit das Gefühl haben, dass anderes wichtiger ist als er, das würde ihn verunsichern. Und er kann sich dann nicht auf die Dinge konzentrieren, die wirklich wichtig sind.

Gute Bindung ist Voraussetzung dafür, dass Welpen lernen können. Und gute Bindung entsteht nur durch den gemeinsamen Alltag.

Beate Forsbach schenkt dir mit ihrem Buch ein Schatzkästchen voller Erfahrung – sie schildert nicht nur die Erfolge, sondern auch die Herausforderungen, die sie mit ihrer Frieda gemeistert hat. Ich freue mich, dass meine Bücher und meine Methode des strukturierten Spaziergangs so hilfreich bei Friedas Erziehung waren.

Lies dieses Buch bitte *mehrmals* – am besten schon, bevor du dich für einen Welpen entscheidest und bevor dein Welpe bei dir einzieht. Du lernst damit, deinen Welpen besser zu verstehen und kannst mit ihm euren ganz persönlichen Weg zum starken und glücklichen Mensch-Hunde-Team gehen.

Ich wünsche dir viel Spaß beim Lesen, viel Freude mit deinem Welpen und großen Erfolg beim Umsetzen!

Dein

José Arce

José Arce, *Mensch-Hunde-Therapeut aus Mallorca, dort betreut er sein Zentrum für Problemhunde. Neben ganz persönlichem Coaching vermittelt er sein Wissen in Seminaren und regelmäßigen Beiträgen in den Zeitschriften Hundeschau, Dogs Today, Partner Hund und Der Hund. Er ist Autor von insgesamt sechs Büchern mit Ratschlägen für eine gute Beziehung zwischen Mensch und Hund.*

www.jose-arce.com

Vorwort

Eine Autorin und Verlegerin lernt auf der Suche nach einem Berner Sennenwelpen eine sympathische Hundezüchterin kennen. Das Universum hatte prompt reagiert auf ihren Wunsch nach einem Welpen – und das Gesetz der Anziehung hatte offenbar auch funktioniert. Da kann nur eines passieren: Ein Buch entsteht.

Ich, Beate, hatte eigentlich nie einen Hund haben wollen. Die Berner Sennenhündin Senta hatte ich in unser Leben geholt, weil ich meinem kranken Mann seinen lebenslangen Wunsch nach einem Hund erfüllen wollte. An Sentas Welpenzeit kann ich mich nicht mehr so genau erinnern. Ich hatte mich aber gleich in den vier Wochen alten Welpen verliebt, als ich die Hundefamilie in Zarpen bei Lübeck auf eine Zeitungsannonce hin besuchte. Die Züchter lebten auf einem Bauernhof, hatten keine Website und waren in keinem Verein, Senta hatte keine Papiere, war aber reinrassig – und die Welpen wurden dort mit sehr viel Liebe großgezogen.

Gerne hätte ich damals ein Buch wie dieses gehabt – denn als Autorin und Verlegerin löse ich die anstehenden Herausforderungen meines Lebens meist mit Hilfe von Büchern. In einer Ebay Kleinanzeige waren einige Wochen zuvor acht süße Berner Sennenwelpen in der Nähe unseres damaligen Wohnortes auf Fehmarn angeboten worden. Und ich erfuhr, dass diese Rasse geeignet sei für einen pflegebedürftigen Menschen im Rollstuhl. Die Züchter hatten ihre Berner Sennenhündin auswärts decken lassen, waren in einem Verein, wohnten in einer Doppelhaushälfte und verkauften von der Terrasse aus ihre Welpen für viel Geld – aber mit Papieren. Die Elterntiere habe ich nie gesehen.

Ahnungslos in all diesen Dingen kaufte ich die letzte Hündin des Wurfs, die kurze Zeit danach bei uns einzog. Die Züchter hatten gesagt, wir brauchten keinen Zaun, und so gab es aus unserer Sicht keine Hindernisse. Nach 17 Tagen habe ich – am Ende meiner Kräfte – den Welpen mitsamt der gesamten teuren Welpenausstattung zurückgegeben. Die ganze Geschichte habe ich in meinem Buch *Senta & ich. Vom Glück des Lebens mit einem Hund* aufgeschrieben. Die Züchterin erklärte mir, dass ich völlig ungeeignet zur Hundehaltung sei. Wenn mein Mann mal nicht mehr leben würde, könnte ich mir ja ein Schoßhündchen anschaffen. Zu diesem Zeitpunkt war ich übrigens 58 Jahre alt, hatte gerade meinen Verlag gegründet, ein Haus mit Garten gekauft und pflegte meinen Mann.

Senta ist dann jedenfalls ein toller Hund geworden, auch wenn ich sie nach dem Tode meines Mannes am liebsten erst einmal weggegeben hätte. Sie wurde mein Seelenhund, und wir haben acht Jahre lang eng zusammengelebt. Nach ihrem Tod wollte ich noch einmal einen Berner Sennenwelpen großziehen, der von Anfang an alles lernen würde, was Senta konnte.

Ich fand Frauke Daerr, die einen großen Hof in Ostholstein mit vielen Hunden und Pferden hat. Das war etwas, was ich damals ganz am Anfang immer gesucht hatte. Und ich bin ihr sehr dankbar, dass sie vom ersten Moment unserer Kontaktaufnahme niemals einen Zweifel geäußert hat, dass ich mit nunmehr 70 Jahren noch einen Welpen großziehen könnte. Die gegenseitige Sympathie kam dazu, und wohl auch, dass wir die berufliche Tätigkeit des anderen respektierten. Frauke Daerr wollte immer schon ein Buch schreiben, und ich bewunderte ihre Tätigkeit als Züchterin auf ihrem eigenen großen Hof.

Schon am ersten Abend unseres Kennenlernens hatte Frauke Daerr gesagt: Dein Buch *Senta & ich. Vom Glück des Lebens mit einem Hund* endet mit dem Kapitel *Und dann kam Frieda*. So geschah es dann auch, das Buch erschien, kurz bevor Frieda bei mir einzog.

Und irgendwann stand dann plötzlich die Idee im Raum, ein eigenes – etwas anderes – Welpenbuch zu schreiben. Für etwas ältere Menschen, die noch einmal einen Welpen großziehen wollten. Es sollte keins der üblichen Welpenbücher sein, in denen die „Ratschläge" für die unkundigen Welpenbesitzer eher das Gegenteil von dem bewirkten, was wir wollten: Denn Sie sollen mit Herz, Bauchgefühl und Verstand Ihren Welpen großziehen, ganz so, wie Sie es für richtig halten. Denn Sie sind der Experte für Ihren Hund. Und irgendwie war uns auch von Anfang an klar, dass es hier um die Rasse der Berner Sennenhunde geht, die wir beide von Herzen lieben.

Ich wollte als Hundemama von meinen Erfahrungen mit Frieda berichten, und Frauke wollte praktische Tipps beisteuern aus ihrer Sicht als Züchterin und Expertin für Berner Sennenhunde. Und irgendwie wollte ich das Buch auch für mich selbst schreiben, um zu zeigen, dass es tatsächlich möglich ist, meine Vorstellung von einem Traumhund zu verwirklichen.

Hier kam dann noch der mallorquinische Hundeexperte José Arce ins Spiel, den ich vor Jahren über seine Hundebücher gefunden hatte, als ich Rat bei einem Problem mit Senta suchte. Wir kennen uns persönlich von einem zweitägigen Privatworkshop auf Fehmarn und einem Seminar für Hundebesitzer. In seinem Welpenbuch erklärt er, wie Welpen ticken und gibt viele praktische Anleitungen und Übungen, um den Welpen liebevoll und mit Bauchgefühl auf dem Weg in das Leben mit seiner neuen Familie zu geleiten.

Aus unserer Idee ist nun tatsächlich dieses Buch entstanden. Es hat etwas länger gedauert, denn ich war oft vollauf beschäftigt mit immer neuen Herausforderungen in Friedas Entwicklung, so dass es mir nicht möglich war, die Welpenzeit zeitnah begleitend zu beschreiben. So habe ich mich dann entschlossen, die Thematik des Buches auf die Junghundezeit auszudehnen. Das Buch endet am 7. Juli 2024, Friedas zweitem Geburtstag.

Wir wünschen Ihnen, dass unser Buch Ihnen helfen kann, wenn Sie sich noch einmal für einen Welpen entscheiden. Wir möchten Ihnen öfter mal ein Lächeln ins Gesicht zaubern oder ein herzhaftes Lachen, und vielleicht auch an eigene Erlebnisse mit Ihrem Berner erinnern!

Wir wünschen Ihnen, dass Sie – so wie wir – mit Ihrem Hundebaby das Glück und all die Liebe erleben, und dadurch die Kraft gewinnen, schwierige Zeiten durchzustehen und alle Herausforderungen zu meistern!

Ihr Hundekind wird es Ihnen tausendfach zurückgeben.

In diesem Sinne wünschen wir Ihnen viel Vergnügen beim Lesen und beim Leben mit Ihrem Traumhund!

Herzlichst

Ihre Beate Forsbach & Frauke Daerr

PS: Da wir einen persönlichen Kontakt zu den Lesern unseres Buches schaffen möchten, verwenden wir ab jetzt das wertschätzende DU.

Einleitung: Vom Glück des Lebens mit einem Hund

Ich gehöre nicht zu den Hundebesitzern, die schon immer Hunde in ihrem Leben hatten. Ja, ich habe mir noch nicht einmal einen Hund gewünscht, bevor ich einen bekam. Mein Mann Hans Christian hatte sich immer einen Hund gewünscht, aber sein Leben als Lehrer und später als Schulaufsichtsbeamter hatte es ihm nicht erlaubt, einen Hund zu halten.

Als mein Mann krank wurde, sind wir nach Fehmarn gezogen, was schon immer mein Traum gewesen war. Als ich noch als Lehrerin an einem Gymnasium tätig war, konnte ich mir nichts Besseres vorstellen, als nach meiner Pensionierung dort zu leben. Wir sind dann schon im November 2010 in unser eigenes Haus in Neujellingsdorf auf Fehmarn gezogen – ich war erst 58 – und im Januar 2011 sagte ich zu meinem Mann: Wenn wir nun schon ein Haus mit Garten haben (beides hatte ich mir nie gewünscht), dann können wir auch ein Hündchen anschaffen. Denn das war der lebenslange Wunsch meines Mannes gewesen, und da er nun krank und pflegebedürftig war, wollte ich ihm jeden Wunsch erfüllen.

Ich selbst hatte schon seit mehreren Jahren den Wunsch, einen eigenen Verlag zu haben. Nach der Veröffentlichung meiner Dissertation und zweier Musikfachbücher in anderen Verlagen hatte ich viele Ideen für weitere Bücher und interessierte mich schon lange für das Publizieren von Büchern. So gründete ich am 11. Februar 2011 meinen Verlag, die Edition Forsbach.

Und im Juli 2011 kam Senta zu uns – sie war am 3. Mai 2011 geboren und brachte Leben ins Haus. Ich merkte schnell, dass dieser wuselige Welpe nichts mit der Idealvorstellung zu tun hatte, die wir aus einschlägigen Berner Sennen-Büchern gewonnen hatten. Da sah man nur niedliche und hübsche Hündchen, was unsere Senta ohne Zweifel auch war. Kurz vorher hatte ich einen Welpen nach wenigen Tagen zurückgegeben, die Züchter hatten mir gesagt, ich sei nicht geeignet, einen Hund großzuziehen. Daher fühlte ich mich herausgefordert zu beweisen, dass ich durchaus in der Lage war, einen Hund aufzuziehen.

Freud und Leid wechselten ab – und nach dem Tod meines Mannes am 10. Februar 2014 stand ich da: mit einem Haus und großem Garten, mit einem Mercedes und mit einer fast 3-jährigen, riesigen Berner Sennenhündin. Alles Dinge bzw. Lebewesen, die ich mir in meinem Leben nie gewünscht hatte.

Das Hündchen trauerte mit mir um meinen Mann, wir gingen zusammen zum Friedhof und es legte sich immer vor dem Grab hin, um sein Herrchen zu bewachen. Mein Traum aber war, mit Senta nach Armentarola zu fahren, in das schöne Hotel in den Dolomiten, wo ich so glückliche Tage mit Hans Christian erlebt hatte. Senta war inzwischen zu einer Riesenhündin herangewachsen – ich konnte es ohne Hilfe schon lange nicht mehr schaffen, sie ins Auto zu befördern. Und von allein wollte sie nicht ins Auto einsteigen. Im Februar 2016 blieb ich auf der Autobahn bei Ahrensburg liegen – und wenige Tage später holte ich mein neues Auto beim Mercedeshändler ab: Mercedes A-Klasse, mit niedriger Rückbank, auf der Senta bestimmt mal liegen würde!

Irgendwann entdeckte ich das *Praxisbuch* von José Arce, dessen erstes Buch *Meine 5 Geheimnisse für eine glückliche Mensch-Hund-Beziehung* mich schon begeistert hatte. Es war ein Kapitel mit praktischen Übungen drin für Hunde, die nicht ins Auto einsteigen wollten. Ich probierte das aus und meine Senta saß tatsächlich zum ersten Mal im Auto! Ich fasste neuen Mut und wollte das nun mit ihr trainieren – aber im Alltag war das nicht ganz einfach, vor allem wusste ich nicht genau, wie ich es trainieren sollte. Aber ich wusste: Das klappt!!!

Im September 2016 hatte ich ein Autorenseminar in Armentarola ausgeschrieben, ich hätte Senta zu Hause lassen und mit dem Zug für acht Tage dorthin fahren können. Das war wieder eine Herausforderung für mich, denn ich glaubte daran, dass es mit Senta und dem neuen Auto klappen könnte. So würden wir beide in Armentarola Sentas Herrchen und meinem geliebten Mann ganz nahe sein – denn Armentarola liegt ja 1630 Meter hoch, also sehr nahe zum Himmel!

Zunächst einmal überlegte ich, wie ich es schaffen könnte, Senta ans Autofahren zu gewöhnen. Das *Praxisbuch* von José Arce schien mir die Lösung zu bieten. Als ich es während einer langen Zugfahrt nach Bamberg studierte, fand ich den Vermerk, dass der Autor auch zu persönlichen Workshops zu einem nach Hause kommen würde. Ich überlegte mir, was das für mich und Senta und unser Leben bedeuten könnte, wenn sie mit mir im Auto fahren würde. Als ich in Bamberg aus dem Zug ausstieg, wusste ich: Das werde ich machen, egal was es kostet. Die Vorstellung, fortan mit Senta gemeinsam reisen zu können, beflügelte mich. Und es klappte: Zwar war es schon Mitte Juli, aber José Arce konnte zu uns kommen, am 2./3. August fand unser persönlicher Workshop statt. Danach fuhr Senta im Auto mit. Und seitdem weiß ich auch, dass ein Hund von einem Moment zum nächsten sein Verhalten ändern kann, wenn der Mensch etwas anders macht.

In den nächsten Jahren sind wir Tausende von Kilometern zusammen im Auto gefahren – Senta begleitete mich überallhin – und immer wieder nach Armentarola. Bis wir am 24. Juli 2019 schließlich die Sonneninsel Fehmarn verließen und nach Bamberg umzogen.

Senta und ich waren ein starkes Team geworden – sie war eine feinfühlige Hündin, sie hat unser Leben genauso geliebt wie ich.

Bis zu dem Tag im Sommer 2021, als der erste Schatten auf unser Glück fiel. Kurz darauf entdeckte ich einen dicken Knubbel an Sentas Bauch. Der Tierarzt meinte, das sei harmlos. Aber danach war nichts mehr wie früher. Senta wurde krank und starb am 5. Februar 2022. Ich erlebte eine Trauer, wie ich sie noch gar nicht kannte. Vergleichbar in ihrer Intensität der Trauer um meine Mutter, die nun fast 27 Jahre tot ist, und um meinen geliebten Hans Christian, dessen Todestag sich kurz nach Sentas Tod zum achten Mal jährte.

Der Himmel hat einen neuen Stern

Die Welt schien unterzugehen, und ich konnte mir kaum vorstellen, wieder einen neuen Berner Sennenhund zu haben. Einige Menschen versuchten, meine emotionale Instabilität in der Trauer um meine geliebte Seelenhündin auszunutzen. Mir wurden Welpen und ältere Hunde angeboten und irgendwann erkannte ich, dass ich eigentlich nur meine Senta wiederhaben wollte. Ich schrieb das Buch *Der Himmel hat einen neuen Stern. Abschied vom Seelenhund*, um meine Trauer zu verarbeiten und anderen Menschen zu helfen, deren Hund gestorben war oder kurz davor war, über die Regenbogenbrücke zu gehen. Ich gewann viele neue Freunde, vor allem Menschen mit Berner Sennenhunden.

Ich spürte, wie mein Herz immer mehr für Berner Sennenhunde schlug und nahm mir vor, im September erst einmal ganz allein nach Armentarola zu fahren. Aber kurz vor meinem 70. Geburtstag im Mai buchte ich spontan eine kleine Auszeit in Armentarola – dort, wo ich im März die Asche meiner Senta im Gaderbach bestattet hatte.

Am Tag vor meiner Abreise – es war Samstag, der 18. Juni 2022, entdeckte ich auf Facebook eine Wurfankündigung der *Berner Sennenhunde von Delingsdorf.* Ich sah das Bild der Hündin Daisy, in die ich mich sofort verliebte. Und ich spürte, dass ich etwas gefunden hatte, was ich (unbewusst) schon lange gesucht hatte: Ein großer Hof mit Pferden und Hunden in Schleswig-Holstein – eine ganze Berner Familie lebte dort.

Ich schrieb der Züchterin Frauke Daerr eine lange E-Mail, bekam sofort Antwort und schon am Abend telefonierten wir ausgiebig miteinander. Das Universum hatte prompt reagiert auf meinen Wunsch nach einem Welpen – und das Gesetz der Anziehung hatte offenbar auch funktioniert. Frauke hatte zwei Hündinnen, die trächtig waren: Daisy und Nike. Ich wollte nicht mehr eine so große Hündin haben, wie Senta es war, und daher sollte es eine Tochter von Daisy sein. Denn Nike war sehr groß, auch wenn sie viel braver sein sollte als Daisy.

Später am Abend erzählte ich Frauke auf WhatsApp von meinem Buchprojekt *Senta & ich. Vom Glück des Lebens mit einem Hund* und schickte das Cover hin. „Das Buchcover habe ich eine Woche vor Sentas Tod gestaltet. Das Buch schreibe ich im Sommer." Und sie antwortete: „Schöner Anfang … bin gespannt, wie es weitergeht, und enden tut es mit *Und dann kam Frieda …*" Daraufhin schrieb ich: „Das ist ein schöner Name – deutsch und mit a hinten." Und so endete das Buch tatsächlich mit dem Kapitel *Und dann kam Frieda – die Liebe hört niemals auf.*

Am 7. Juli 2022 bekam Daisy 10 Welpen, und Frieda war einer davon. 9 Tage später wusste, ich, welcher der Welpen meine Frieda war.

Und genau an diesem 16. Juli 2022 schrieb ich an Frauke: Ich hatte gerade die Idee, ein Buch zu schreiben *Und dann kam Frieda. Ein etwas anderes Welpenbuch* zum Thema, wie man mit 70 Hundemama wird und wie man die „richtige" Züchterin findet. Vielleicht könntest du zu meinen Texten Anmerkungen aus deiner Sicht machen? Und Frauke sagte sofort zu. Sie hat ja nicht nur Erfahrungen als Züchterin, sondern lebt seit über 20 Jahren mit Berner Sennenhunden zusammen, ist also eine echte Expertin für diese Rasse.

So kam ich zum zweiten Mal in meinem Leben nach Ahrensburg, zuerst am 8. August, wo ich die vier Wochen alte Frieda auf dem Arm halten durfte, und dann am 8. September, als ich sie zu mir nach Hause holte.

Übrigens bekam Nike eine Woche nach Daisy 9 Welpen. Und so wuchs Frieda mit 18 Geschwistern und Halbgeschwistern auf, neben Mama Daisy, Papa Phil und Tante Nike gab es noch die Berner Sennenhündinnen Anuk und Bibi, Labbi Emma sowie den Malteser Kalli.

Das Glück des Lebens mit einem Hund erlebe ich nun mit Frieda, die am 7. Juli 2024 zwei Jahre alt geworden ist. Während der turbulenten Welpenzeit mit ihr ist mir vieles eingefallen, was ich mit Senta erlebt habe. Und immer wieder dachte ich: Senta war ein so toller Hund, obwohl ich doch damals überhaupt keine Ahnung von Hundeerziehung hatte! Dann schaffe ich das auch mit Frieda.

Daher bin ich motiviert, all die schönen Erlebnisse mit Frieda für euch, liebe Leserinnen und Leser, aufzuschreiben: Meine Vorbereitung auf Frieda, die aufregende Welpenzeit, die Erlebnisse mit der temperamentvollen Junghündin sowie viele Glücksmomente.

Gemeinsam mit der Züchterin Frauke Daerr gebe ich praktische Tipps, insbesondere für ältere Menschen, die noch einmal einen Welpen großziehen möchten.

Mehrere ältere Menschen haben mich bereits kontaktiert und es mir nachgemacht, indem sie einen Berner Sennenwelpen zu sich genommen haben. Und so geht es in diesem Buch um das Leben mit einem Berner Sennenhund. Wie sehr mir diese Rasse ans Herz gewachsen ist, wurde mir erst nach Sentas Tod so richtig bewusst.

Als mich mal jemand fragte, warum ich denn einen solch großen und stürmischen Hund angeschafft hätte, sagte ich, dass ich die Berner Sennenhunde liebe und so wundervolle Erfahrungen mit meiner Seelenhündin Senta gemacht habe. Und dass der Berner Sennenhund absolut geeignet für Senioren ist.

Allerdings musst du die Welpenzeit und die stürmische Junghundezeit bis zur Vollendung des zweiten Lebensjahres erst einmal überstehen – dann hast du den liebsten, treuesten und besten Lebensbegleiter, den du dir vorstellen kannst. Und bereits jetzt kann ich bestätigen, dass meine bisherigen Erfahrungen mit Frieda mein Leben unglaublich bereichert haben.

Und nun erzählt Frauke

Ich weiß es schon gar nicht mehr, wie alt ich damals war, da sah ich in Adelboden beim Skifahren ganz viele Schnitzfiguren, alle selbstgemacht von dem Liftboy, der da am Skilift gearbeitet hat. Die Figuren standen da und darunter war der Berner Sennenhund. Ich fand die Figur so schön, dass ich sie unbedingt haben wollte und habe sie ihm abgekauft. Ich liebte sie und wusste, so einen Hund möchte ich später auch einmal haben: einen Berner Sennenhund.

Ich hatte damals keine Ahnung von Hunden, wir hatten einen, ein großes schwarzes Wollknäuel, ein Schäferhund mal Chowchow, eine harte Nuss. Um die Erziehung haben sich meine Eltern gekümmert. Ich wusste, wenn ein Hund von vorne kommt, dann such dir schnell einen Laternenpfeiler oder einen stabilen Zaunpfosten, denn ich konnte den Hund nicht halten.

Heute lachen alle Leute, wenn ich die Geschichte erzähle, aber es war so. Warum sollte der Hund auf mich hören? Ich war das unterste Glied in der Familie, hatte keine Ahnung von Erziehung und war nur seine Begleitung auf Spaziergängen.

Heute wäre das etwas anderes, heute züchte ich Berner Sennenhunde, habe fünf davon und außerdem noch einen Labbi als geprüften Rettungshund. Ich liebe es, wenn ich in die leuchtenden Augen der zukünftigen Besitzer schaue, wenn sie das erste Mal ihren Welpen auf dem Arm haben.

Diese Rasse ist einfach wunderbar. Berner denken immer, dass sie ganz kleine Hunde sind und auf den Schoß passen. Sie wollen immer gefallen und im Mittelpunkt stehen. Sie können unwahrscheinlich eifersüchtig sein und möchten immer die Nummer eins sein.

Meinen erster Berner habe ich mir gekauft, als es feststand, dass ich auf meinen eigenen Hof ziehe. Rocky sollte auf mich aufpassen … manchmal hatte ich das Gefühl, ich musste auf ihn aufpassen.

Meine Mutter sagte immer, erziehe erstmal einen Hund und dann schaff dir Kinder an. Am Anfang habe ich nicht verstanden, was sie mir damit sagen wollte, aber später verstand ich mehr und mehr. Auch ein Berner braucht eine gewisse Erziehung, und man muss zu einem Team zusammenwachsen.

Fast 13 Jahre waren wir dann ein Team. Wenn er „wuff" machte, wusste ich genau, dass er meine Hilfe brauchte. Er war mit mir Snowboardfahren in Österreich, er hat mich beim Ausreiten begleitet und ist später auf der Kutsche mitgefahren.

Der Himmel hat einen neuen Stern

Wann ist der Moment, dass man diese Entscheidung treffen muss? Immer wieder habe ich mich gefragt, ist der Tag heute? Ich habe mit meinem Tierarzt darüber gesprochen und er sagte mir, du merkst es, und so lange sie noch den Willen haben, dabei zu sein und fressen, so lange ist alles in Ordnung. Diese Entscheidung kannst du nur selber treffen, nur du selber weißt, wann der richtige Zeitpunkt ist, du fühlst es.

Der Tag x kam und ich wusste genau, heute ist der Tag und es ist in Ordnung. Rocky hatte beschlossen, nicht mehr mitzugehen, nicht mehr die Stufen zum Reiterstübchen hochzugehen. Es fühlte sich richtig an, ich rief meinen Tierarzt an und er sagte, dass er kommen würde. In der Mitte seiner Freunde schlief er friedlich ein … Alle waren bei ihm und es war in Ordnung.

Eine gewisse Leere überkam mich, aber ich wusste, es war richtig und in Ordnung.

Jeden Abend zünde ich noch heute eine Kerze an für all meine Lieben, die ich bis jetzt habe gehen lassen. Die Trauer und der Schmerz sind da, aber ich weiß: *Der Himmel hat einen neuen Stern.*

Hundemama mit 70?

So lange hatte ich nachgedacht, ob ich wieder einen neuen Hund zu mir nehmen wollte. 2018 hatte ich im Urlaub das Thema „Träume und leben deinen Traum" bearbeitet. Zunächst schrieb ich alles auf, was ich in den letzten sieben Jahren geschafft hatte, und dann stellte ich mir die nächsten sieben Jahre vor. Senta war damals gerade erst sieben Jahre alt, und ich hoffte, dass sie noch bei mir sein würde, wenn ich 73 bin – sie wäre dann 14! Ich schrieb auf: *Ich möchte, dass Senta auch in sieben Jahren noch bei mir ist. Sollte sie früher über die Regenbogenbrücke gehen, nehme ich sofort wieder einen Welpen zu mir, eine kleine Berner Sennenhündin. Senta II. lernt dann von Anfang an, was Senta jetzt alles kann. Und ich bleibe fit durch die viele Bewegung mit der Berner Sennenhündin. Und Armentarola wird sie auch lieben.*

Damals war ich erst 66 Jahre alt und konnte mir gar nicht vorstellen, wie es mit 70 wäre. Ja, ich hatte sogar Bedenken, überhaupt 70 zu werden! All die vielen Überlegungen, wie „wenn der Hund 14 Jahre alt wird, dann bin ich 84", und „was ist denn, wenn ich früher gehen muss als der Hund?" oder „kann ich denn mit 78 noch laufen?", „bin ich überhaupt noch fit genug für einen jungen Hund?" – all das bringt einfach nichts. So sehe ich es heute.

Am 20. Mai 2022 wurde ich 70 und feierte ein großes Fest auf der Dachterrasse meiner Penthouse-Wohnung – endlich, nach zwei Jahren Corona-Beschränkungen. Ich hatte Freunde eingeladen, ihre Hunde mitzubringen. Doch nun hatte ich selbst gar keinen Hund mehr, nur eine Freundin brachte ihren Hund mit. Gute Freunde wollten mir am liebsten einen Hund zum Geburtstag schenken. Sie wünschten mir alles erdenklich Gute – besonders Gesundheit – zum neuen (8.) Lebensjahrzehnt und noch viele glückliche Jahre – hoffentlich mit Hund!

Fast vier Monate nach meinem 70. Geburtstag wurde ich dann noch einmal Hundemama. Auch wenn manche Leute meinten: Dafür bist du doch schon zu alt. Warum eigentlich? Ich bin doch noch nicht 90, sondern „erst" 70. Und ich habe mir vorgenommen, gesund und glücklich 100 zu werden.

Ich habe mich schon lange mit dem Thema „Älterwerden“ beschäftigt, vor allem mit der Frage: Wann ist man denn „zu alt“ für etwas im Leben? Johannes Heesters stand noch mit über 100 Jahren auf der Bühne, die Pianistin Livia Rev gab noch mit 93 Jahren ein öffentliches Konzert in Lausanne – sie ist 102 Jahre alt geworden. Die Oma einer meiner Hundefreundinnen lebte noch bis 90 mit eigenen Hunden. Das aber war für mich noch ganz weit weg. Ich denke, man ist „zu alt“, wenn man sich nicht mehr verändern möchte, wenn man bequem geworden ist und vor allem: wenn einem der Lebensmut abhanden gekommen ist.

Und nun schreibt Frauke

Ich freue mich jedes Mal auf die Welpen und überlege mir immer wieder: Was sind die idealen Welpeneltern?

Eine Familie mit Kindern? Im Grunde ist das absolut ideal. Berner sind Familienhunde, lieben ihr Rudel. Aber was ist, wenn sich die Eheleute streiten, sich scheiden lassen, oder es müssen auf einmal beide arbeiten gehen und haben keine Zeit mehr für den Hund?

Eine alleinstehende Person? Auch das ist im Grunde ideal: Der Berner ersetzt den fehlenden Partner oder die Kinder. Aber was ist, wenn sie ins Krankenhaus muss oder einen neuen Job annimmt und keine Zeit mehr für den Hund hat?

Nehme ich ein älteres Ehepaar? Auch das ist ideal. Beide arbeiten nicht mehr, haben viel Zeit, verwöhnen den Berner ohne Ende. Aber was ist, wenn sie den Hund nicht mehr versorgen können, weil er zu stark wird oder sie krank werden?

Wer ist ideal für meine Bernerwelpen? Ich denke, oft muss ich einfach aus dem Bauch heraus entscheiden. Klar, manches geht einfach nicht, weil der Berner schon ein großer Hund wird, aber vieles ist auch vertretbar. Und es ist wirklich egal, wie alt die Leute sind, ob sie Kinder haben, Rentner sind oder alleine leben. Wichtig ist nur, dass sie sich Gedanken machen, was ist, wenn etwas passiert.

Ich freue mich immer als Züchterin, wenn die Leute mich vor der Wurfplanung besuchen kommen. Dann bekomme ich schon mal einen ersten Eindruck und entscheide mich für oder gegen jemanden.

Natürlich habe ich es auch schon anders erlebt und die Leute haben sich gegen einen Berner entschieden oder gegen mich als Züchterin, weil die Wurfplanung vom Zeitpunkt nicht in ihre Planung passte.

Viele Fragen lassen sich auch schon im Vorfeld klären. Und dann kannst du auch noch mit 70 eine Hundemama werden.

Körperliche und geistige Fitness

Ganz ehrlich – so fit wie heute war ich an meinem 70. Geburtstag nicht. In den drei Monaten seit Sentas Tod war ich einsam und mir fehlte manchmal der Grund zum Weiterleben. Dadurch hatte ich dann eine falsche Entscheidung getroffen und eine 14 Monate alte Kelpiehündin von einer Bekannten zu mir genommen – ich dachte, dass es einfacher wäre, wenn die schon stubenrein ist.

Ich hatte aber nicht damit gerechnet, wie sehr diese Hündin bereits durch ihre Vorbesitzer geprägt war, und wie schwierig es für mich sein würde, sie zu erziehen. Vor allem, da ich die ruhige und lebenskluge Berner Sennenhündin Senta gewohnt war, mit der ich seit dem Tod meines Mannes fast acht Jahre lang zusammengelebt hatte.

Im Internet hatte ich gelesen, dass Kelpiehunde für Senioren weder in physischer noch in psychischer Hinsicht geeignet seien, aber ich hatte das nicht geglaubt. Doch dazu später.

Kurz nach Sentas Tod ging ich zu meinem Hausarzt und bat ihn, mich gründlich zu untersuchen – auch im Hinblick auf einen neuen Hund! Als Gefäßmediziner sagte er, dass ein Hund das Beste sei für einen älteren Menschen, vor allem bei Durchblutungsstörungen der Beine, da müsse man viel laufen! Nun hatte ich keinerlei gesundheitliche Störungen, und er gab mir das Versprechen, mir notfalls sogar ein Attest FÜR einen Hund auszustellen.

Ich baute mein Mindset auf und sagte mir, dass ich all die schweren Belastungen der letzten 11 Jahre mit Senta ganz gut gemeistert und dabei eine Menge Lebenserfahrung, Mut und Kraft gewonnen hatte. Immerhin war ich ja bereits 58 Jahre alt, als Senta zu uns kam. Und ich hatte damals keine Ahnung davon, wie man einen Hund großzieht.

Nach der Lektüre verschiedener Bücher habe ich mich entschieden, für einen neuen Berner Sennenwelpen.

Tipps von Frauke

Du musst dir auch überlegen, ob du es körperlich mit einem Hund schaffst. Einen Hund anzuschaffen ist das eine, aber du musst dich mit einem Hund beschäftigen, er braucht eine Erziehung und du musst mit ihm spazieren gehen.

Gerade ein großer Hund braucht viel Bewegung. Nur auf dem Sofa sitzen reicht da nicht.

Ein Berner braucht Erziehung, gerade vor und in der Pubertät testet er gerne seine Grenzen aus und kann dich mit seiner stürmischen Art auch mal an deine Grenzen bringen, bzw. dich sogar umreißen.

Ein Hund hält dich fit und gerade, wenn du alleine bist, bekommst du einen Freund fürs Leben.

Vorsorge treffen für den „Ernstfall“

Ich sprach mit meiner Wahltochter über meinen Wunsch nach einem neuen Hund. Im Internet hatte ich eine nützliche Checkliste mit 15 Fragen vor dem Hundekauf gefunden, die ich Frage für Frage durchgearbeitet habe.

Nach unserem Gespräch konnte ich alle Fragen vor der Anschaffung eines Hundes mit einem klaren JA beantworten. „Aber außerdem überlebst du den Hund ja sowieso“, sagte Birgit.

Die sechste – für mich noch offene Frage – lautete: Habe ich Bekannte, Freunde, Familienmitglieder, die auf den Hund aufpassen würden?

In meinem Testament hatte ich schon seit Jahren verfügt, dass meine Erbin sich um eine gute Familie für Senta kümmern müsste. Birgit hat drei Kinder, die sich einen Hund wünschen, und ein großes Haus mit Garten, aber sie konnte und wollte mir keine Zusage geben, dass sie meinen Hund im „Ernstfall“ aufnehmen würde. Sie gab mir aber die feste Zusage, dass sie sich auf jeden Fall darum kümmern würde, meinen Hund in einer guten Familie unterzubringen – das könnte auch ihre eigene Familie sein.

Noch ein paar Tipps von Frauke

Wo kann der Hund hin, wer passt auf ihn auf? Das ist eine der wichtigsten Fragen, die du dir stellen musst, bevor du dir einen Hund anschaffen möchtest.

Im Leben kann sich so schnell etwas ändern und nicht mehr nach Plan laufen, so dass du flexibel etwas ändern musst.

Mit 70 Jahren musst du dir auch Gedanken machen, was ist, wenn mich der Hund überlebt … aber musst du dir nicht auch in jungen Jahren diese Gedanken machen?

Da ist es gut, wenn du einen Notfallplan hast und immer weißt, wo der Hund hin kann. Auch ist es für den Hund angenehm, wenn er die Person schon von Klein auf kennt und mit ihr vertraut ist. Du kannst aber auch mit den Züchtern sprechen, ob du da Hilfe bekommen kannst.

Hundepatentante

So war ich auf die Idee einer Hundepatentante gekommen. Conny wohnt ganz in der Nähe, hatte früher in meinem Verlag als Assistentin gearbeitet und sich immer um Senta gekümmert. Sie war sofort bereit, Patentante für meinen neuen Hund zu werden. Zwei hundeerfahrene Nachbarinnen wollten zwar nicht Patentante werden, aber sie würden meinen Hund jederzeit aufnehmen, falls es mal notwendig wäre.

Nun war ich fest entschlossen, einen Berner Sennenwelpen zu mir zu nehmen. Aber am Sonntag, dem 19. Juni 2022 wollte ich erst einmal alleine nach Armentarola fahren.

Es war mir bekannt, dass Tierheime und Organisationen wie „Berner Sennenhunde in Not“ keine Hunde an Menschen über 70 vermitteln. So hatte ich immer wieder im Internet Ausschau gehalten, und auch schon vorsichtige Kontaktversuche zu einem Hundezüchter gestartet.

Der Entschluss

Ich glaube, der feste Entschluss ist notwendig, damit das Gesetz der Anziehung wirken kann. Denn sonst hätte ich sicher am Samstag, 18. Juni 2022, die Wurfankündigung der *Berner Sennenhunde von Delingsdorf* nicht entdeckt. Lies dazu mehr im Kapitel *Es hat gefunkt*.

Am 7. Juli 2022 kamen die Welpen zur Welt, und am 8. August 2022 hatte ich die vier Wochen alte Frieda zum ersten Mal auf dem Arm. Das Coverfoto dieses Buches zeigt mein Glück und meine emotionale Bewegtheit. Es soll eine Einladung an dich sein und gleichzeitig auch eine Warnung! Die kleine Frieda war eine von 19 Welpen, dazu kamen die fünf erwachsenen Berner Sennenhunde und zwei weitere Hunde. Ich war völlig überwältigt, denn so viele Hunde auf einmal hatte ich noch nie gesehen.

Das Gefühl, die kleine Hündin im Arm zu halten, hat mich getragen durch die nächsten Wochen der Vorfreude – denn zwischendurch konnte ich sie wegen der großen Entfernung von Bamberg nicht besuchen.

Dieses Foto soll auch eine Warnung sein: Viele Welpenkäufer lassen sich von ihren Gefühlen überwältigen und schalten den Verstand völlig aus. Gerade wenn du dich, so wie ich damals, einsam und alleine fühlst, und noch um deinen verstorbenen Seelenhund trauerst, dann wünschst du dir nichts sehnlicher, als diesem kleinen Lebewesen auf deinem Arm ein schönes Zuhause zu geben und seine neue Familie zu sein.

Am 8. September 2022 holten Conny und ich Frieda bei ihrer Familie in Delingsdorf ab. Als ich die kleine Frieda auf dem Arm zum Auto trug, erlebte ich den für mich glücklichsten Moment in diesem Jahr 2022. Zu diesem Foto schrieb ich ein paar Wochen später:

Heute ist es genau vier Wochen her, seit dieses Foto entstand: Glückliche Hundemama mit 70 mit dem kleinen Glückspaket Frieda auf dem Arm und einer ebenfalls glücklichen Züchterin.

Vier schöne Wochen waren das voller toller Erlebnisse, das kleine Glückspaket passt zwar noch auf meinen Schoß, aber ist schon ganz schön gewachsen und hat viel gelernt – für unser friedliches Zusammenleben. Gestern trafen wir eine Frau mit einem großen Hund, den Frieda beschnupperte. Die ist ja völlig tiefenentspannt, sagte sie. Ja, sie kommt aus einer Berner Großfamilie mit einer tollen ruhigen und gelassenen Züchterin, antwortete ich – das merke ich an vielen Dingen, die es uns ziemlich leicht machen. Frieda bezaubert viele Menschen in meinem Umfeld – und das „Tauflied", das ich ausgesucht hatte, kann ich heute auch noch singen: „Kleines Wunder, unser größtes Glück".

Danke, liebe Frauke Daerr – du hast nicht nur meine Augen zum Leuchten gebracht mit deinen süßen Bernern, sondern auch mein Herz zum Singen.

Warum ein Hund gut für Senioren ist

Seit meiner Entscheidung für Frieda habe ich ganz bewusst auf meine Gesundheit geachtet. Denn ich hatte Angst, ich könne sie nicht zu mir nehmen. So habe ich Ende Juli von einem Tag auf den anderen meine Ernährung umgestellt, als ich plötzlich eine unerklärliche Entzündung im linken Daumengelenk hatte. Auch mein linker Fuß war fast immer entzündet. Die Umstellung meiner Ernährung hatte unglaubliche Folgen: Ich nahm ab, die Entzündungen klangen ab, ich hatte keine Schmerzen mehr, und ich wurde beweglicher als je zuvor. So war ich schon an meinem 71. Geburtstag wesentlich fitter als an meinem 70. Geburtstag. Ich hatte inzwischen nicht nur 18 kg abgenommen, sondern war auch gesund, voller Lebensfreude und Energie. Und das hat bis heute, zwei Monate nach meinem 72. Geburtstag angehalten.

Erst beim Schreiben dieses Buches habe ich im Internet zu den Gründen recherchiert, warum Senioren einen Hund haben sollten. Der wichtigste Grund ist sicherlich, dass Hunde ältere Menschen fit und lebensfroh machen, das kann ich aus ganzem Herzen bestätigen. Ich erinnere mich noch, als Frieda im Wald auf die zwei freilaufenden Hunde eines Arztes zulief und ich sagte: Oh, das möchte ich aber jetzt nicht, können Sie Ihre Hunde nicht an die Leine nehmen? Er aber lachte nur und sagte: So bekommen Sie Kraft und ein gutes Gleichgewichtsgefühl. Und er hat Recht behalten – so schnell wirft mich heute nichts mehr um. Weder rein körperlich noch mental. Und meine Kraft hat erheblich zugenommen. Im Internet fand ich einen Hinweis auf wissenschaftliche Studien, die zeigen, dass das Zusammenleben mit einem Hund den Menschen optimistisch und ausgeglichen macht.

So ist es erwiesen, dass Hunde entspannen, das Risiko eines Herzinfarkts verringern und hohen Blutdruck senken. Statt mich zu stressen oder zu ärgern, werde ich von Frieda oft angestubst, atme tief durch oder kuschele mit ihr. Unsere Hunde bringen unser Herz-Kreislaufsystem auf Trapp: „Wer rastet, der rostet", das trifft auf Hundebesitzer bestimmt nicht zu. Die täglichen Spaziergänge im Bamberger Hain, im Stadtviertel oder im Wald – Frieda bringt Bewegung in meinen Alltag. Tag für Tag, bei jedem Wetter.

Meine Arbeit im Verlag klappt viel besser als früher. Ich arbeite viel am Computer, das sieht Frieda nicht immer ein, und wenn es (ihr) genug ist, dann stubst sie mich an, damit wir spielen oder spazieren gehen. Ich arbeite viel online mit Autoren, und Frieda ist immer dabei. Ihr liebster Platz ist von Beginn an mein kleines Büro, und während ich an diesem Buch schreibe, liegt sie neben meinem Stuhl unter dem Schreibtisch, obwohl sie eigentlich schon viel zu groß dafür ist.

Durch Frieda komme ich mit anderen Menschen ins Gespräch – ich habe viel Bewegung und nie mehr das Gefühl von Einsamkeit. Und ich tue viel für meine körperliche und geistige Fitness.

Studien haben auch ergeben, dass Senioren geistig agil durch neue Aufgaben bleiben. Ein Hund für ältere Personen ist vergleichbar mit dem Lernen eines Musikinstruments, dem Erlernen einer neuen Sprache im Alter oder der Aufnahme eines Seniorenstudiums.

Nach dem Besuch einer Junghundegruppe tat mir der Rücken wochenlang weh, seitdem gehe ich zu einer Physiotherapeutin. Mein Orthopäde fragte mich mal, warum ich denn überhaupt einen Hund hätte, wenn das doch so gefährlich sei. Er empfahl mir diese Therapeutin und bald waren meine Schmerzen im Rücken verschwunden. Die Physiotherapeutin zeigte mir, wie ich mit meinen neuen Hanteln trainieren konnte, damit ich Kraft in den Armen bekam.

Nun glaube ich allerdings nicht, dass fehlende Kraft in den Armen ein Altersproblem ist. Auch jüngere Menschen können einen Berner Sennenhund von 40-60 kg nicht halten, wenn der an der Leine ruckt.

Wenn ich das alles gewusst hätte ...

Eine 61-jährige Hundefreundin und ihr Mann hatten sich noch einmal einen Welpen angeschafft. Sie hatten bereits einen älteren Berner Sennenrüden, und nun sollte es – zum letzten Mal – noch mal ein Welpe sein. Beide waren über ein Jahr lang glücklich mit ihren Hunden – bis zu dem Tag, als der Mann ganz plötzlich starb.

Ich hatte die Freundin kennengelernt, als ich den Finger gebrochen hatte – auch sie hatte einen komplizierten Bruch und konnte fünf Monate nicht mit den Hunden gehen. Der Welpe war zu diesem Zeitpunkt erst 4 ½ Monate alt. Sie hatte mir erzählt, dass ihr Mann auch nicht mit beiden gleichzeitig gehen konnte. Zwei Rüden, davon ein Welpe, das war eine große Herausforderung!

Meine Freundin aber lebt nun weiter mit den beiden Hunden, es ist nicht einfach, aber sie schafft es. Sie und ihr Mann waren einfach glücklich, als sie diesen Welpen zu sich genommen hatten. Immerhin hatten sie ein Jahr und 6 Wochen lang beide ihre Freude daran. Die Hunde lieben sich gegenseitig – und natürlich meine Freundin, für die sie treue Begleiter in der Trauerzeit sind. Sie sagt, sie würde es wieder tun, wenn sie das alles gewusst hätte, was dann kam.

Wer weiß denn schon, welche Überraschungen uns das Leben morgen bereitet? In meinem Rückblick auf das Jahr 2022 schrieb ich: *„Glück ist auch das, was ich tue. Ich mache das, was ich liebe: Ich schreibe und publiziere Bücher. Und ich liebe meine Arbeit, die Autoren, die Bücher, den Verlag. Und inzwischen ist etwas hinzugekommen, was mich die Bücher fokussiert produzieren lässt, damit ich genug Zeit für sie habe: Aus der süßen kleinen Berner Sennenwelpe ist eine schlaksige Junghündin geworden, die in meinem Leben an erster Stelle steht: FRIEDA.“*

Meine Bilanz nach einem Jahr mit Frieda (13. September 2023): Wenn ich das alles gewusst hätte? Ich hätte es genauso wieder gemacht.

In den heißen Sommermonaten habe ich drei eigene Bücher geschrieben und veröffentlicht, dazu drei Bücher anderer Autoren. Denn wir haben einen klar strukturierten Tag, und wenn ich am Computer arbeite oder ein Gespräch führe, ist Frieda ganz brav. Dann aber fordert sie ihre Spaziergänge – und das tut mir auch gut. Hätte mir früher jemand erzählt, dass ich heute den Wecker auf 7 Uhr stelle, hätte ich ihn ausgelacht. Ich genieße die Morgenspaziergänge mit Frieda im Wald, wo wir meist niemandem begegnen. Ich kann meditieren, Affirmationen sprechen, Pläne machen für den Tag und einfach entspannen, und wir beide sind dabei, ein „Dreamteam“ zu werden.

Ich freue mich, dass mein Buch *Senta & ich* so großen Anklang findet. In dem Bewusstsein, eine wundervolle, glückliche und erfüllte Zeit mit meiner Seelenhündin Senta gelebt zu haben, habe ich es beendet mit dem Kapitel *Und dann kam Frieda – die Liebe hört niemals auf.*

Es wird wohl nach Frieda keinen weiteren Hundewelpen in meinem Leben geben. Ich bin jetzt 72 Jahre alt, und wenn Frieda so alt wie Senta werden sollte, bin ich über 80, wenn sie eines Tages über die Regenbogenbrücke geht.

Heute und morgen, diesen und nächsten Monat, dieses und nächstes Jahr und noch viele weitere Jahre werde ich im Bewusstsein eines großen Glücks leben: dem Glück des Lebens mit einem Hund.

Ein neuer Hund?

Schon als meine Senta noch lebte, versuchten Menschen, mir einen neuen Welpen zu verkaufen. Das sei gut für die alte kranke Senta, meinte eine Bekannte und vermittelte mir einen bevorzugten Platz auf der Warteliste einer Züchterin. Dort mussten die Welpenkäufer angeblich vier Jahre lang warten, bis sie einen Welpen bekämen. Das Gespräch mit der Züchterin fühlte sich für mich nicht angenehm an, auch wenn sie sehr freundlich war.

Eine andere Bekannte bot mir den 4 ½ Monate alten Berner Rüden einer polnischen Züchterin an und meinte, Senta könne dann besser gehen, wenn sie wüsste, dass ich einen neuen Beschützer bekommen würde. Die Reise nach Polen war bereits geplant – aber ich bekam Bedenken, aus verschiedensten Gründen.

Die bestätigte mir dann unser Tierarzt am nächsten Tag. Er sagte, dass es in Deutschland viele gute und bewährte Züchter gibt, und es wäre besser, keinen Hund aus dem Ausland zu holen, vor allem, wenn der über 800 km entfernt lebte. Denn wenn man schon so weit gefahren wäre, würde man den Hund mitnehmen, auch wenn er nicht den Erwartungen entspräche.

Ich bekam noch viele Hinweise auf Berner Sennenwelpen und ältere Hunde, auch in der Nähe von Bamberg. Aber ich reagierte erst einmal gar nicht, weil meine Trauer um Senta so stark war, dass ich gar keinen emotionalen Raum mehr für einen neuen Hund hatte. Mein Herz spürte: Ich brauche Zeit für die Trauer um meine geliebte Seelenhündin. Und so bereitete ich mich auf die „hundelose" Zeit vor.

Ich spürte eine starke Erschöpfung mit Müdigkeit und Schmerzen am ganzen Körper. Die vielen Wochen mit der kranken Senta, meine Sorgen um sie, das Gefühl, nicht wirklich helfen zu können, und dann die Gewissheit, dass sie sterben würde. Ihr Sterbetag und das Erlebnis des Einschläferns – all das machte sich nun bemerkbar.

Ich hatte die Reise mit Sentas Urne nach Armentarola bereits geplant, aber mir war etwas mulmig bei diesem Gedanken, ihre Asche dort in dem Bergbach auszustreuen. Am Karnvealswochenende brach der Ukrainekrieg aus, die Coronakrise war noch nicht beendet, die Karnevalssendungen fielen aus – und auch die Heizung in unserem Haus. Meine Stimmung war auf dem Tiefpunkt. Und die Trauer auch.

Eine Bekannte lud mich zu einem Spaziergang mit mehreren Hunden ein – danach bekam ich etwas Lebensfreude und wollte doch gerne wieder einen Hund haben. Und so kam mir die Idee, die 14 Monate alte Kelpiehündin, die ich bei dem Spaziergang kennengelernt hatte, zur Probe zu mir zu nehmen. Ich dachte, dann ist der Hund schon stubenrein – denn das war in meinen Gedanken ein Hinderungsgrund für einen Welpen, zumal meine Wohnung im dritten Stock liegt.

Unsere Gefühle ändern sich immer so wie unsere Gedanken, die wir doch selbst produzieren. Also dachte ich, dass ich mir nicht vorstellen konnte, noch einmal eine Berner Sennenhündin zu mir zu nehmen. Eine kleinere Hündin, die die Welpenzeit schon überstanden hatte, erschien mir auch aus Gründen meiner Lebensplanung sinnvoll. Ich ignorierte ganz bewusst alles, was ich über Kelpiehunde im Internet gefunden hatte: Sie seien weder physisch noch psychisch für Senioren geeignet. Unsere Gedanken bestimmen unsere Gefühle und unser Handeln. Vier Wochen später brachte ich die Kelpiehündin zu ihrer Züchterin zurück – auf der Rückreise aus Armentarola.

Es folgte eine Zeit der Gespräche und Gedanken, denn ich würde bald 70 werden und einige Freunde meinten: Für einen Hund bist du schon zu alt. Das erweckte meinen Widerstand: Wann ist man denn zu alt für einen Hund? Ich würde doch erst 70, noch nicht 90.

Ende Mai las ich das Buch *Das Tier meines Lebens. Wie mein Hund aus mir einen anderen Menschen machte* von Ilka Piepgras. Nach der Lektüre wusste ich, dass ich wieder einen Berner Sennenhund haben möchte, und dass es wieder eine Hündin sein soll. Der im Buch erwähnte Bernd Günter hat noch mit fast 80 einen jungen Berner Sennenhund in sein Leben geholt und darüber ein wundervolles Buch geschrieben. Dann kann ich das auch mit gerade mal 70 Jahren.

Ein Buch hatte mich besonders beeindruckt: *Kein Leben ohne Hund* von Norbert Körzdörfer, der ein ganzes Jahr brauchte, ehe er über einen neuen Hund nachdachte.

Hierin las ich am 15. Juni 2022:

Ein Jahr ohne Hund schenkt Freiheit.
Die Leine des Lebens ist durchschnitten.
Nichts hält dich.
Nichts bindet dich.
Nichts braucht dich.
Nichts wartet auf dich.
Aber nichts ist nicht das Leben.

Da wusste ich: Ich möchte keine Freiheit ohne einen Hund. Am nächsten Tag habe ich mich entschieden, für einen neuen Berner Sennenwelpen. Vor allem wollte ich Weihnachten nicht alleine sein – das wäre das allererste Mal in meinem Leben gewesen.

Es hat gefunkt – die richtige Züchterin

Damals war mir nicht bewusst, wie das Gesetz der Anziehung funktioniert. Denn ich hatte mir tatsächlich an diesem Tag eine Berner Sennenhündin manifestiert, glaubte aber, dass ich diese bei einem Züchter in der Schweiz abholen würde. Es sollte eine kleinere Hündin als Senta sein, und dort glaubte ich diese zu finden. Aber den Züchter kannte ich gar nicht, es waren nur Gedanken. So konnte auch von dort keine Reaktion kommen. Ich sagte mir:

Vertraue dem Leben. Alles kommt zur rechten Zeit.

Und außerdem wollte ich am Sonntag erst einmal nach Armentarola verreisen. Alleine.

Und drei Tage später, am Samstag, 18. Juni 2022, sah ich dann auf Facebook die Wurfankündigung der *Berner Sennenhunde von Delingsdorf* und wusste, dass ich etwas gefunden hatte, was ich (unbewusst) schon lange gesucht hatte: Ein großer Hof mit Pferden und Hunden in Schleswig-Holstein – eine ganze Berner Familie lebte dort!

In die Hündin Daisy auf der Titelseite verliebte ich mich sofort!

Die Fotos zeigten die Züchterin Frauke Daerr, die diesen Hof offenbar mit ganz viel Liebe zu ihren Tieren führte.

Sie beantwortete meine E-Mail sofort. Schon am Abend telefonierten wir ausgiebig miteinander und setzten das Gespräch später über WhatsApp fort.

Das Universum hatte prompt reagiert auf meinen Wunsch nach einem Welpen – und das Gesetz der Anziehung hatte offenbar auch funktioniert. Es stellte sich heraus, dass Daisy eine kleinere Berner

Sennenhündin war, mit 35 kg Gewicht. Und erst beim Schreiben dieses Buches ist mir klar geworden, warum ich sofort begeistert von dem großen Hof in Delingsdorf war: Bei meinem allerersten missglückten Versuch, einen Berner Sennenwelpen zu kaufen, hatte ich mir vorgestellt, dass die Züchter auf einem solch großen Hof lebten – aber leider kam ich nur auf die Terrasse einer Doppelhaushälfte. Aufgrund der schlechten Erfahrungen mit diesem Welpenkauf wollte ich eine solche Erfahrung nicht wiederholen.

Ich schrieb: „Danke danke danke – ich glaube, ich habe heute gefunden, was ich (unbewusst) gesucht habe."

Und Frauke antwortete:

Gerne ... ich freue mich, wenn ich Leute glücklich machen kann, wenn sie durch einen Berner Leuchten in den Augen haben.

Ich daraufhin:

Ja, die Augen leuchten – und das Herz singt.

Am Abend schrieb ich ihr auf WhatsApp von meinem geplanten Buchprojekt *Senta & ich. Vom Glück des Lebens mit einem Hund.* Und sie antwortete: „Schöner Anfang … bin gespannt wie es weitergeht, und enden tut es mit *Und dann kam Frieda …*" Daraufhin schrieb ich: „Das ist ein schöner Name – deutsch und mit a hinten". Und so endete dieses Buch tatsächlich mit dem Kapitel *Und dann kam Frieda – die Liebe hört niemals auf.*

Und nun erklärt Frauke: Züchterin, Bauernhof oder Vermehrer?

Die richtige Züchterin zu finden, ist bestimmt nicht leicht. Es tauchen einige Fragen auf: Was muss ich beachten? Möchte ich einen Hund von einer Züchterin haben oder einen Hund vom Bauernhof? Was ist ein Vermehrer, wo sind die Unterschiede – oder ist das nur finanziell? Welche Leistungen bekomme ich von wem?

Ich als Züchterin lasse all meine Hunde röntgen, zuchttauglich schreiben und mache verschiedene Tests, damit ich weiß, ob meine

Elterntiere gesund sind und ich das Risiko, Ungünstiges weiter zu vererben, einschränken kann.

Ein Hund vom Bauernhof oder vom Nachbarn nebenan, das ist bestimmt eine liebevolle Aufzucht, aber ich habe ungeröntgte Tiere und ein großes Risiko von Erbkrankheiten oder HD. Der Hund ist dort natürlich billiger, aber steht das in einem Verhältnis bei einer Rasse, die schnell Krankheiten mit sich bringt?

Und dann gibt es noch die Vermehrer, die keine Läufigkeit auslassen, bei denen die Hunde in dunklen Kellern gehalten werden und die teilweise kein Tageslicht sehen. Da sind Krankheiten vorprogrammiert, und wenn es „nur“ Würmer sind.

Wenn du dich damit beschäftigt hast, dann findest du auch schnell übers Internet oder über Mundpropaganda eine Züchterin und kannst diese vorher besuchen. So kannst du die Elterntiere schon einmal kennenlernen, du siehst, wie bzw. wo die Tiere leben, wie groß das Rudel ist, wieviel Aktion auf dem Hof bzw. in der Zuchtstätte ist.

Es ist immer schön, wenn die Welpen gerade in den letzten Wochen viel erleben und viel kennenlernen, und schon gut auf ihr neues Zuhause vorbereitet sind.

Mich würde auch immer interessieren, ob die Welpen an die frische Luft kommen und vor allem, ob sie im Haus aufwachsen. Was bekommen sie zu fressen, nur eine Sorte oder abwechslungsreich, damit der Magen viel kennenlernt?

Ganz wichtig ist auch immer, dass die Welpen gut versorgt werden in Bezug auf Wurmkur, Chip und die erste Impfung. Das sind Punkte, die eine gute Züchterin ausmachen. Gerade wenn die Welpen und auch das Muttertier nicht ordentlich entwurmt werden, kannst du später viele Probleme bekommen bis dahin, dass der Welpe dran sterben kann.

Wenn du eine Züchterin gefunden hast und weißt, wann ungefähr ein Wurf kommt, kannst du mit der Züchterin Kontakt halten, um immer auf dem Laufenden zu sein.

Sind die Welpen endlich da, dann gibt es fast täglich Fotos und Videos, damit du möglichst viel von der Aufzucht mitbekommst und dich schon auf deinen Welpen freuen kannst.

Viele Welpenkäufer haben schon eine Idee, wie ihr Welpe aussehen sollte, ob eine schmale Blesse oder eine breite Blesse. Manche suchen ihren Welpen schon nach dem Foto aus, und wenn sie zu Besuch kommen, dann machen sie den Kauf mit einem Vertrag fest.

Nun leben die Welpen noch 6 Wochen bei mir und dann ziehen sie aus. Dann bekommst du ein kleines Wollknäuel von ca. 8-9 kg mit nach Hause.

Die Geburt der Welpen

Am 7. Juli kamen Daisys Welpen zur Welt – Frauke versorgte uns über unsere WhatsApp-Gruppe von Beginn an mit Fotos und Videos. Und meine verloren gegangene Lebensfreude kehrte schlagartig zurück.

Den Abend des 7. Juli 2022 werde ich nicht vergessen: Gegen 21.21 Uhr sah ich plötzlich eine Mitteilung auf WhatsApp: Der erste Welpe ist da! Am nächsten Mittag kam dann der zehnte. und letzte Welpe zur Welt. Das war aufregend! So etwas hatte ich noch nie erlebt!

Ich las im Berner Sennenhandbuch das Kapitel über die Geburt und die ersten Tage von Berner Sennenwelpen. Das hatte mich eigentlich früher nie besonders interessiert, aber diesmal war es etwas anderes: Einer von den zehn Welpen war Frieda! Aber welcher? Es waren sechs Hündinnen und vier Rüden.

Nun erzählt Frauke über die Geburt

Eigentlich ist es das Schönste, was ich mir vorstellen kann. Eine Geburt – neues Leben, aber bis das Ganze los geht und alle Welpen da sind, muss ich als Züchterin ruhig bleiben und einfach für meine Hündin da sein. Es kann so viel passieren bei der Geburt, tote Welpen, Kaiserschnitt, und du kannst sogar die Mama verlieren. Leben und Tod sind da nahe beieinander.

Wenn jeder Welpe eine Stunde braucht, dauert die Geburt mindestens 10 Stunden. Viele denken, die kommen alle hintereinander raus … nein, leider nicht. Man kann auch nicht viel helfen. Die Hündin fängt meist einen Tag vorher an mit den Senkwehen, da rutscht alles dahin, wo es hin muss und bewegt sich Richtung Ausgang, und der Muttermund öffnet sich. Danach kommen die Presswehen, bei denen die Welpen mit auf die Welt kommen.

Am 7. Juli 2022 um 21 Uhr kam der erste Welpe von Daisy, ein Mädel, zur Welt. Alles ging reibungslos. Daisy hat das toll gemacht und sich gleich um sie gekümmert.

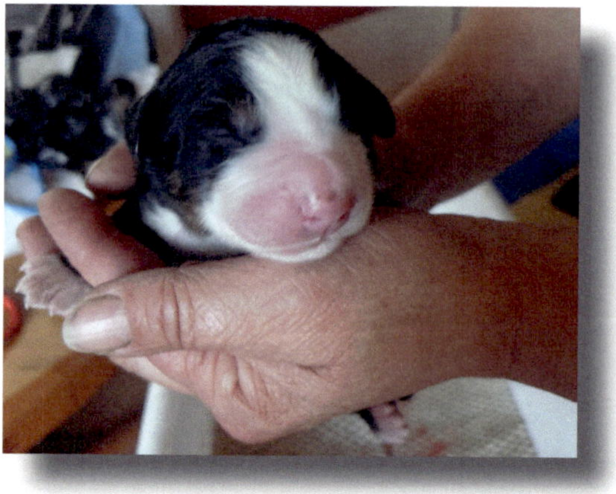

Um 22.10 Uhr ging die Geburt weiter und ein Junge kam auf die Welt. Daisy hat die Beiden gut versorgt und bekam um 22.55 Uhr das nächste Mädel. Sie liebt es, die Treppen runter und in den Auslauf zu gehen. Ich glaube, sie würde ihre Welpen am liebsten draußen bekommen. Ich muss dann immer schnell hinterherlaufen, den Welpen einsam-

meln und in die Wurfkiste zurückbringen. Manchmal ist sie schneller und kommt mir schon mit dem Welpen entgegen. Ich habe so meine Technik entwickelt mit meiner Hündin. Die Bewegung und das Treppensteigen tut ihr gut zwischen den Geburten, dann geht es schneller voran.

Um 23.30 Uhr kam der nächste Junge zur Welt. Es hat alles prima geklappt. Daisy kümmerte sich herzlich um die Rasselbande bis zum nächsten Welpen, der dann um 0.25 Uhr zur Welt kam.

Wenn ein Welpe auf die Welt gekommen ist, dann helfe ich der Hündin und öffne die Fruchtblase, damit der Welpe Luft bekommt und nicht ersticken kann. Eigentlich machen die Hündinnen alles alleine, aber die Angst, einen Welpen zu verlieren, ist bei mir zu groß. Ich helfe der Hündin noch beim Trocknen des Welpen, dabei rubbele ich ihn. Ich gehe ihn wiegen und notiere mir alles. Die Welpen, die bereits auf der Welt sind, trinken schon fleißig. Die erste Milch ist immer die wichtigste Milch für die Welpen.

So eine Geburt ist immer spannend, aber auch anstrengend. Die Welpen habe sich viel Zeit gelassen bei Daisy. Der nächste Welpe kam um 3.10 Uhr zur Welt mit einer ganz breiten Blesse … und das war Frieda. Da wussten wir ja noch nicht, dass dies später die Frieda wird.

Nach dem Wiegen binde ich jedem Welpen ein Stoffband um, notiere das Gewicht bei der Geburt und die Uhrzeit. Manchmal schreibe ich mir auch besondere Kennzeichen auf, wie weißes Bein, Fleck im Nacken oder breite Blesse wie bei Frieda.

Wieder eine Stunde später kam der achte Welpe zur Welt. Ich dachte nun, dass das alle Welpen sind, aber ich konnte bei Daisy im Bauch noch etwas fühlen. Um 7 Uhr bin ich meine Pferde, Hunde und Katzen füttern gegangen, und dann habe ich mich wieder um Daisy gekümmert.

Die Geburt hat echt lange gedauert. Eigentlich sagt man, dass innerhalb von 12 Stunden alle Welpen da sein müssen, sonst wird es eng für die letzten Welpen.

Aber die Geburt war noch nicht fertig. Um 12.30 Uhr kam das kleinste Mädel auf die Welt und um ca. 14 Uhr kam dann endlich der letzte Welpe, ein Junge zur Welt.

Nun liegen alle Welpen an der Milchbar und lassen es sich gut gehen. Ein leises Meerschweinchenquietschen kommt aus dem Wohnzimmer. Die Welpen leben eigentlich 2-3 Wochen bei mir oben in der Wurfkiste, wo auch eine Fußbodenerwärmung ist, was für die Welpen super Bedingungen sind. Daisy geht es sehr gut, sie hat das ganz toll gemacht. Ich freue mich auf eine schöne Welpenzeit.

In diesem Jahr hatte ich zum ersten Mal zwei Hündinnen eingedeckt und so bekam meine Nike ihre Welpen am 14. Juli. Einen Tag vorher merkte ich, dass Nike so langsam auch ihre Welpen bekommen möchte, Da ich keine zwei Wurfkisten habe, baute ich für Daisy eine „Wurfkiste" und sie zog mit ihren Welpen ins Welpenzimmer um.

Daisy ist eine tolle Mama und hat den Umzug prima gemeistert. Da es nicht ihr erster Wurf ist, kennt sie schon alle Abläufe und weiß, dass sie nach einer bestimmten Zeit umziehen.

Das Rudel darf bei der Geburt dabei sein, aber auf Abstand. Mit der Zeit dürfen die anderen aus dem Rudel immer dichter an die Welpen rankommen und schauen, wie es ihnen geht. Jetzt im Welpenzimmer hält Daisy das Rudel noch etwas auf Abstand.

Die Hündin entscheidet, wann wer dichter herankommen und sich die Welpen anschauen darf. Meistens, wenn sie ins Welpenzimmer ziehen, dauert das noch eine Woche und dann mischen sich Rudel und Welpen. Bei Papa Phil müssen sie immer auf Abstand bleiben, der produziert super gerne Welpen, aber später hält er sich lieber raus.

Wer von den 10 Welpen ist Frieda?

In den ersten drei Wochen darfst du die neugeborenen Welpen noch nicht besuchen, und für mich wäre die Reise von rund 580 km sowieso zu weit gewesen. Also betrachtete ich die Fotos, die Frauke schickte. Eigentlich sahen alle Welpen für mich erst einmal gleich aus, sie hatten lediglich verschiedenfarbige Halsbänder an und ich schrieb: Ihr könnt mir alle Hündinnen reservieren!

Doch dann zog ich zwei Hündinnen in die nähere Wahl – immer und immer wieder hatte ich die Fotos verglichen: Orange und Bordeaux. Mit einem Mal hatte ich doch Unterschiede zu den anderen Welpen gesehen, die mich intuitiv berührten.

Am 18. Juli schrieb ich an Frauke, und schickte die beiden Fotos gleichzeitig an Conny. Frauke schrieb zurück, wenn sie einen Welpen für die Zucht behalten würde, wäre das Bordeaux – und im selben Moment schrieb Conny: Bordeaux.

Ich glaube nicht, dass das etwas damit zu tun haben könnte, dass Bordeaux die Farbe meines Verlages ist. Aber ausschließen kann ich es auch nicht. Wie gesagt: das Gesetz der Anziehung wirkte!

Und so entschied ich mich für den Welpen mit dem bordeauxroten Halsband: Das war jetzt Frieda!

Am nächsten Tag wünschten mir Daisy und Frieda einen guten Morgen.

Zu der Frage, ob Hundekäufer ihren Welpen selbst aussuchen sollten, gibt es unterschiedliche Ansichten. Denn neben dem Aussehen geht es ja auch um das Wesen des Hundes, passt ein mutiger Hund besser zu mir als ein schüchterner, oder wähle ich lieber einen Hund aus der „goldenen Mitte"?

Ich habe Frieda mit 9 Tagen ausgesucht, weil sie ganz anders aussah als Senta. Das war mir wichtig, denn ich wollte nicht immerzu wehmütig an Senta denken und Frieda mit ihr vergleichen, sondern würde einen ganz anderen, neuen Welpen mit ganz eigener Persönlichkeit bekommen. Das ist ja noch kein „fertiger" Hund, wenn der mit 8 oder 9 Wochen bei mir einzieht. Zwar bringt er schon alles mit, was ich mir von meinem Hund wünsche. Aber mein „Traumhund" kann er nur werden durch meine Unterstützung und meine Erziehung, vor allem durch die Beziehung und die Bindung, die ich zu ihm aufbaue.

Ob Frieda ein mutiger oder ein eher schüchterner Welpe war, konnte ich nicht erkennen, als ich sie aussuchte. Ich hatte mich nur für einen Welpen von Daisy entschieden, weil Nike, die eine Woche später ihre Welpen zur Welt brachte, sehr groß war, ich aber lieber eine etwas kleinere Hündin haben wollte. Frauke sagte noch, dass Nike eine sehr brave Hündin sei, die einem alles recht machen wolle, Daisy aber eher frech sein könnte. Und ich meinte, genau das würde mir Spaß machen!

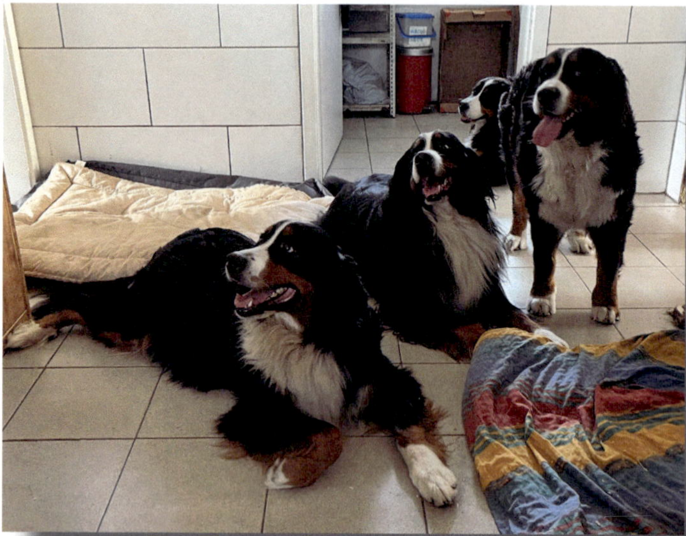

Niemand kann vorhersehen, wie sich ein Welpe entwickelt – in den 8-9 Wochen nach der Geburt erfährt er ja sowohl die Erziehung seiner Hundemama als auch die der Züchterin. Frieda lebte mit 18 Geschwistern und Halbgeschwistern auf einem großen Hof mit Hunden, Pferden und Ponys. Wie würde sie sich dann alleine mit mir in meiner Stadtwohnung zurechtfinden? Ich freute mich auf diese Aufgabe, ihr zu zeigen, wie die Menschenwelt in meinem Umfeld funktioniert und was mir im Leben wichtig ist.

Am 8. August 2022 war ich dann in Delingsdorf und durfte die inzwischen vier Wochen alte Frieda zum ersten Mal auf den Arm nehmen. Es war mein einziger Besuch vor dem Abholen.

Dieser Besuch war ein tolles Erlebnis: Ich glaube, so viele Hunde hatte ich noch nie auf einmal gesehen: 7 große Hunde, davon 5 hübsche Berner, und dann die 19 Welpen, die Züchterin Frauke Daerr zum ersten Mal alle gleichzeitig freigelassen hat (9 sind ja eine Woche jünger, von Mama Nike).

Stell dir vor, ein paar von den Kleinen haben versucht, bei Daisy (der Mama der Großen) zu trinken und sie hat es sich gefallen lassen! Ich war wirklich überwältigt. Der absolute Star war natürlich die kleine Frieda für mich.

Nun sollte sie noch fast fünf Wochen bei Frauke, ihrer Mama Daisy, ihrem Papa Phil und ihren Geschwistern bleiben, bis Conny und ich sie zu mir nach Hause holen würden.

Frauke erzählt von den ersten Wochen der Welpen

Nun sind die Welpen da. Als Züchterin bin ich sehr froh, dass es der Mama gut geht und alle Welpen heil und gesund auf der Welt sind.

Nun habe ich zwei Würfe und 19 Welpen – finden die alle ihre Familie?

Oh ja, ganz schnell hatte ich zehn neue Welpenkäufer gefunden und eine WhatsApp-Gruppe gegründet, um die Kaufinteressenten aller Welpen mit Fotos und Videos zu versorgen, damit sie alles miterleben können. Auch Beate war dabei: Hundemama mit 70 – noch einmal einen Berner. Warum nicht.

Nun kam alles in die WhatsApp-Gruppe: Jeden Tag neue Videos und Fotos, wie die Welpen später heißen sollen, Futtertipps, wann wer zu Besuch kommt, usw.

Nach drei Wochen dürfen Interessenten die Welpen besuchen und aussuchen bzw. reservieren lassen. Die meisten hatten schon ihren Favoriten und haben dann einen Vertrag mit mir gemacht und angezahlt. Auch Beate kam aus Bamberg und hat Frieda besucht. Es war ein schöner Nachmittag. An dem Tag habe ich beide Gehege das erste Mal aufgemacht und alle 19 Welpen liefen unten bei mir im Haus umher. Herrlich, ein Anblick zu Verlieben.

Der Tierarzt kommt nach 7 Wochen zum Chippen und nach 8 Wochen zum Impfen. Jeder Welpe bekommt einen kleinen Gesundheitscheck und wenn das alles super ist, dann bekommen wir vom Tierarzt grünes Licht und die Welpen dürfen ausziehen.

Anfang/Mitte September war es dann endlich so weit: Einer nach dem anderen machte sich auf die Reise in seine neue Familie, in ein neues Abenteuer. Anfang Oktober gingen die letzten zwei Welpen in ihre neue Familie in die Ramsau.

Nun war es wieder still im Haus. Ich räume auf, wasche alles, und im Herzen plane ich schon wieder den nächsten Wurf.

Warum wieder ein Berner Sennenhund?

Das Glück des Lebens mit einem Hund hatte ich mit meiner Berner Sennenhündin Senta erlebt. Was anfangs gar nicht so einfach war, da ich mir nie im Leben einen Hund gewünscht hatte. Ich hatte Senta nur meinem Mann zuliebe angeschafft. Ich erinnere mich noch, wie ich zum ersten Mal über die vielen schwarzen Haare in unserem Haus entsetzt war: Du konntest saugen, sowie du wolltest, immer lagen da wieder dicke schwarze Haarbüschel. Ich las, dass auch andere Menschen das schrecklich fanden – denn zweimal im Jahr findet der Haarwechsel statt. Aber alle, die sich darüber beklagten, sagten, dass sie das nicht davon abhalten würde, wieder einen Berner Sennenhund zu sich zu nehmen. Heute habe ich einen guten schnurlosen Staubsauger, speziell für Hundehaare, und es macht mir gar nichts aus, jeden Tag zu saugen.

Viel wichtiger scheint mir das Wesen des Hundes zu sein, gerade wenn ich als älterer Mensch noch einmal einen Hund haben möchte. Der Berner Sennenhund lebt rund um die Uhr eng mit seinem Menschen zusammen. Auch der schönste Garten ist für den Berner Sennenhund kein Ersatz für das Leben mit seinem Menschen. Der Mensch-Hunde-Therapeut José Arce sagt sogar, dass es besser ist, mit einem Hund in einer Wohnung zu leben, als dass der Hund alleine im großen Garten lebt. Denn gerade ein Berner Sennenhund als Hütehund glaubt dann, er müsse den Garten bewachen. Das habe ich jahrelang mit Senta erlebt. Unser Umzug nach Bamberg in eine Stadtwohnung war dann aber ohne Probleme möglich, allerdings bevorzugte Senta den Platz auf dem Balkon.

Wer mit einem Berner Sennenhund zusammenleben möchte, muss bereit sein, seinen Wohnraum mit ihm zu teilen, auch wenn der Hund Schmutz hereinträgt und Haare liegen lässt.

Der Mensch sollte sich mindestens eineinhalb bis zwei Stunden täglich mit seinem Hund beschäftigen, dazu gehören Spaziergänge, Erziehung, Spielen. Aber der Berner Sennenhund benötigt auch ausgedehnte Ruhephasen an einem geschützten Ort, wo er sich zurückziehen kann und nicht gestört wird.

Diese menschenbezogene Hunderasse eignet sich nicht für dich, wenn du ganztags berufstätig bist und den Hund regelmäßig alleine lassen musst. Auch wenn du oft ausgehen möchtest oder Sportarten betreibst, wo der Hund nicht dabei sein kann, passt der Berner Sennenhund nicht zu dir. Joggen oder am Fahrrad laufen liegt ihm nicht so besonders, lieber hat er es gemächlich – so wie meine Frieda, die vom ersten Tag an gerne bei mir im Büro liegt.

Der Berner Sennenhund wird als besonders geeignet für Anfänger beschrieben – auch für Senioren. Jedoch braucht er in den ersten ein bis zwei Jahren sehr viel Zeit und die volle Aufmerksamkeit, bis er erzogen ist und sich an die verschiedenen Umweltreize gewöhnt hat.

Gerade in der Junghundezeit und während der Pubertät ist er oftmals ungestüm, er braucht konsequente Führung und Erziehung. Du musst körperlich fit sein, oder du wirst es im Umgang mit dem jungen Hund. Manchmal kannst du lesen, dass Senioren dafür oftmals zu wenig Körperkraft mitbringen. Nach meiner Erfahrung lässt sich das aber durch eine liebevolle und konsequente Erziehung ausgleichen.

Oft wird ein Berner Sennenhund im Alter zwischen ein und zwei Jahren wieder abgegeben, wegen der typischen Probleme der Pubertät. Mit 35-40 kg Gewicht kann dich ein junger Berner Sennenhund schon mal umwerfen, es ist gut, möglichst standfest zu sein.

Der Berner Sennenhund gehört zu den 10 am wenigsten aggressiven Hunderassen. Er ist freundlich zu Menschen und anderen Hunden, läuft auch gerne auf andere zu, was nicht jeder mag. Du musst ihm deutlich zeigen, was er darf und was nicht.

In der Wohnung verhält er sich ruhig, Besuch wird erst einmal angebellt, aber das legt sich meist wieder. Manche Hunde bleiben nicht gerne alleine – meine Frieda aber hat das von Anfang an gelernt und bleibt ohne Probleme auch mal mehrere Stunden alleine.

Neulich las ich: Sie testen ihre Grenzen aus, aber ist das noch das gleiche Bärchen, das ich holte? Mit 4 Wochen ist es ein ganz süßes Bärchen, du schmilzt dahin, und wenn du es mit 8-9 Wochen abholst, ist es auch noch putzig. Aber dann entwickelt sich dein Liebling, wird groß und stark und ist ungestüm – du musst dich viel mit ihm beschäftigen, damit er ein guter, ruhiger Berner Traumhund werden kann.

Welche Hunderassen sind besonders für Senioren geeignet?

Im Internet las ich: „*Für Senioren sind Hunderassen ideal, die sich an den Alltag des Rentners anpassen und ihn positiv verstärken. Welcher Hund zu Ihnen passt, hängt also von Ihrem Persönlichkeitstyp und Ihren Lebensumständen ab.*"

Nun, all das hatte ich nicht gelesen, bevor ich mich für Frieda entschied. Ich wollte wieder eine Berner Sennenhündin haben, weil ich meine geliebte Seelenhündin Senta verloren hatte. Ein kleiner Hund, den man hochheben kann und den man eher an der Leine halten kann, kam nicht in Frage für mich. Allerdings suchte ich eine etwas kleinere Hündin, denn bei den Berner Sennenhunden gibt es sehr verschiedene Ausprägungen.

Auf der gleichen Internetseite fand ich drei Fragen, um zu testen, ob man mit 60, 70 oder 80 Jahren noch einen Hund anschaffen sollte. Die erste Frage lautet: „*Haben Sie in Ihren Armen genug Kraft, um mit einer Hand eine Leine zu halten, an der ein kleiner oder mittelgroßer Hund zerrt?*" Einen Berner Sennenhund dürfte man demnach als Senior gar nicht anschaffen – denn den kann niemand wirklich halten, wenn er an der Leine zerrt oder etwas entdeckt, was er unbedingt näher untersuchen möchte.

Trotzdem bin ich der Meinung, dass ein Berner Sennenhund für Senioren gut geeignet ist. Denn er ist leicht erziehbar, und die mangelnde Körperkraft kompensiere ich durch eine enge Beziehung zu Frieda. Wobei ich mittlerweile schon ziemlich standfest bin und sie mich auch so schnell nicht umwerfen kann. Ich habe in der bisherigen Zeit mit Frieda erheblich an Kraft und Gleichgewichtssinn gewonnen.

Der Berner Sennenhund lebt eng mit seinem Menschen zusammen – und das rund um die Uhr. Manchmal wird es mir etwas zu viel, und ich möchte dann mal meine Ruhe haben. Zum Beispiel, wenn ich mittags im Sessel sitze, eine Tasse Kaffee trinke und ein Buch lesen möchte. Schon naht meine Frieda und will auf den Schoß – es ist egal, dass sie schon so groß ist. Sie mag eben gerne mit mir kuscheln. Und wenn ich nicht zu ihr aufs Sofa komme, dann klettert sie eben auf meinen Schoß. Ganz besonders, wenn ich etwas Leckeres zum Knabbern habe.

In mein Bett durfte sie von Anfang an nicht – in einem Hotelzimmer und einer Ferienwohnung hat sie es dann aber doch versucht.

Frieda liebt es, dabei zu sein, wenn ich in meinem Büro sitze und am Computer arbeite. Auch bei Online-Meetings mit Autoren sitzt sie brav dabei (meistens jedenfalls). Hier ist es ruhig und sie kann viel schlafen. Am liebsten legt sie sich immer noch unter meinen Schreibtisch, obwohl sie eigentlich schon viel zu groß dafür ist.

Tipps von Frauke

Um den richtigen Hund zu finden, solltest du dich einmal mit den unterschiedlichen Rassen beschäftigen. Dazu findest du viele Internetseiten.

Als Wach- und Hütehunde sind die Berner selbstsichere, gutmütige und freundliche Hunde. Sie haben einen ausgeprägten Wachtrieb, ohne dabei aggressiv zu sein. Sie sind heute nicht nur gute Haus- und Hofhunde, sondern auch beliebte Familienhunde, wenn sie sorgfältig sozialisiert und ausgelastet werden.

Der Berner liebt Kinder, ist ein ausgesprochener Familienhund und hält diese auch gerne beisammen. Auch wenn er nicht immer der mutigste ist, wird er immer alles für seine Familie machen. Er will auch immer überall dabei sein. Für Senioren ist der Berner gut geeignet. Er ist treu und ruhig, aber auch gleichzeitig ein guter Bewacher für das Haus.

Natürlich hat auch der Berner seine Sturm- und Drangzeit und auch er muss ausgelastet werden, aber er kommt viel schneller zur Ruhe als z. B. ein Australien Sheperd oder ein Border Collie.

Auch muss der Berner seine Grenzen kennenlernen und eine Erziehung genießen. Eigentlich ist ein Berner leicht zu erziehen, er will immer seinem Besitzer gefallen.

Er muss auch lernen, seine Energie zu kontrollieren. Mit 70 bist du nicht mehr so reaktionsschnell wie mit 30, aber trotz alledem kannst du in jedem Alter schnell umgerissen werden.

Dieser Hund passt nicht in unser Leben

Hund in der Etagenwohnung

Einen Berner Sennenhund kannst du auch in einer kleinen Wohnung halten, denn er liegt am liebsten bei seinem Menschen. Allerdings ist es aus meiner Sicht wichtig, dass es einen Aufzug gibt, wenn du im 2. Stockwerk oder höher wohnst. Als Senta bei mir war, lebte ich in einem Haus mit einer geschwungenen Holztreppe zum ersten Stock, die hat sie mühelos bewältigt.

Ich lebe in einer Penthousewohnung im 3. Stock, hier ist es ideal, dass ich zwei große Dachterrassen habe. In der Welpenzeit hätte ich niemals so schnell mit Frieda im Aufzug nach unten fahren können – ich habe Unterlagen benutzt in der Wohnung und sie durfte auch auf die Terrasse hinaus. Gerade an Tagen wie Silvester, an denen Frieda sich nicht mit mir auf die Straße traut, ist es günstig, eine Terrasse oder einen Balkon zu haben.

Auch auf einem Balkon im 3. Stock mitten in der Stadt kann ein Hund glücklich sein, wenn alles stimmt: die Umgebung (das Territorium), die Familie und die Ernährung. José Arce nennt es TFE.

Und nun gibt Frauke Tipps

Muss ein Hund immer einen Garten haben? Im Sommer ist es total schön, wenn der Welpe eine offene Terrassentür hat und rein und raus kann, wie er möchte. Das macht vieles einfacher. Was natürlich auch geht, ist ein schöner großer Balkon oder eine Wohnung mit Dachterrasse. Eine abgeschlossene Etagenwohnung ohne Balkon ist ungeeignet. Wunderschön ist natürlich ein Haus mit einem großen Garten und am besten noch mit einer Hundeklappe. Für einen Berner gibt es nichts Schöneres, als draußen zu sein an der frischen Luft.

Ich denke, wenn dein Hund genügend Ausgleich hat, dann kannst du auch einen Berner in der Wohnung halten. Denn was macht der Berner den ganzen Tag, wenn du zum Arbeiten gehst oder mal zum Einkaufen? Er schläft im Haus. Das kann er natürlich auch in einer Wohnung.

Wichtig ist es nur, dass du dann einfach größere und ausgedehntere Spaziergänge machst und nicht nur um den Häuserblock gehst. Auch ein Berner hat in jungen Jahren Energie und weiß manchmal nicht, wohin damit.

Berufstätigkeit von Herrchen & Frauchen

Für Leute, die ganztags berufstätig sind und den Hund regelmäßig alleine lassen müssen, eignet sich diese menschenbezogene Hunderasse keinesfalls.

Ich arbeite zu Hause – das ist ideal. Allerdings arbeite ich hier nicht mehr direkt mit Autoren, nur noch online. Vom ersten Tag an musste Frieda für 1-2 Stunden alleine bleiben, wenn ich zum Einkaufen, zum Arzt oder zum Friseur möchte. Ich bin das ganze erste Jahr nicht am Abend weggegangen. Als Frieda 1 ½ Jahre alt war, bin ich zum ersten Mal am frühen Abend ausgegangen, aber nur für 3 Stunden. Und als ich einen ganzen Tag zu einem Arztbesuch nach Hamburg reisen musste, hat sich die Hundepatentante Conny um Frieda gekümmert. Frieda hat sich gefreut wie immer, als ich zurückkam. Wie sehr sie mich aber an diesem Tag vermisst hatte, merkte ich erst später.

Tipps von Frauke

Über das Thema Berufstätigkeit solltest du dir auch vorher Gedanken machen. Ein Welpe kann nicht am Anfang gleich 8 Stunden alleine bleiben. Du musst den Welpen langsam darauf vorbereiten, dass er auch mal alleine bleiben muss.

Es gibt immer mehr Bürohunde. Da können bzw. dürfen die Hunde mit ins Büro kommen.

Am besten fragst du schon vorher deinen Chef, ob er das erlaubt. Natürlich kannst du nicht davon ausgehen, dass der Welpe sich 8 Stunden ins Büro zum Schlafen legt, auch das musst du langsam aufbauen.

Es gibt auch immer mehr Tagesbetreuungen für Hunde oder Dogwalker, aber auch hier solltest du dich gut informieren, z. B. ob noch Plätze frei sind.

Im Rentneralter hast du natürlich diese Probleme nicht, da kannst du dich voll auf den Welpen konzentrieren und brauchst vielleicht nur eine Betreuung, wenn du mal unterwegs bist.

Urlaubswünsche

Viele Menschen, die mit über 60 Jahren in den Ruhestand gehen, haben Träume von schönen Urlauben. Da möchten sie z. B. eine große Radrundfahrt mit E-Bikes machen – und der Berner Sennenhund soll im Fahrradanhänger mitkommen. Solche Fahrrad-Gespanne mit Hunden im Anhänger sieht man ja im Alltag immer öfter. Aber ich finde, dass der Urlaub doch auch ein Urlaub für den Hund sein muss. Alternativ kannst du den Hund ja bei Freunden oder in einer Tierpension lassen. Oder du machst eine Reise mit dem Auto in die Berge, wo sich der Berner Sennenhund besonders wohl fühlt, und nimmst ihn mit auf Wanderungen und längere Spaziergänge.

Es gibt Menschen, die immer gerade dann eine Kreuzfahrt oder eine Flugreise in ferne Länder gewonnen oder geschenkt bekommen haben, wenn der Welpe bei ihnen eingezogen ist. Dieses Zusammentreffen erstaunt mich immer wieder. Eine Familie ließ ihren Welpen für eine solche Reise alleine zu Hause mit einer Hundesitterin und wunderte sich bei der Rückkehr, dass der Welpe sie nicht mehr erkannte. Heute leidet der Hund an großen Ängsten. Zuerst glaubte ich nicht an einen Zusammenhang, bis zu dem Tag, als ich Frieda mit 19 Monaten zum ersten Mal für einen ganzen Tag alleine ließ. Als ich morgens die Wohnung verließ, war Frieda ganz arglos, da sie es gewohnt ist, mal alleine zu bleiben. Die Wiedersehensfreude war überschäumend, als ich am Abend zurückkam. Sie hatte einen schönen Tag mit ihrer Hundepatentante Conny erlebt. Aber nach jedem Spaziergang mit Conny kommt sie nun als erstes in mein Büro, um nachzuschauen, ob ich noch da bin!

Ich meine, dass sich Menschen über 60 genau überlegen sollten, wie sie leben wollen. Und ob der gewünschte Hund dazu passt. Denn ein Berner Sennenhund nimmt ja einen großen Raum im Leben eines älteren Menschen ein, dem solltest du durch deine Urlaubswünsche Rechnung tragen.

Frieda sitzt in meinem Auto auf der Rückbank und genießt das Reisen mit mir. Ich fahre von jeher gerne an die Ostsee, wo ich ja lange mit Senta gelebt habe, und in das Hotel Armentarola in den Dolomiten. Wir leben in Bamberg, und die Entfernung zu beiden Urlausborten ist so, dass wir an einem Tag dorthin gelangen können. An beiden Orten herrscht ein gemäßigtes Klima, wo sich der Frieda wohl fühlt. Eine Flug- oder Autoreise bis nach Spanien oder Portugal würde ich nicht mit ihr unternehmen.

Ich habe 2017 mit einem amerikanischen Autor eine Lesereise durch Deutschland gemacht – ich fuhr im Auto mit Senta und den Büchern, der Autor und seine Frau fuhren mit der Bahn. Die achttägige Lesereise führte uns an sechs Stationen – entsprechend wählte ich die Hotels aus. Diese Reise war ein Teil meiner Berufstätigkeit, und Senta war es gewohnt, bei Lesungen, Seminaren und auf weiten Reisen dabei zu sein. Und sie hat das alles prima gemeistert – sie war damals ja auch schon sechs Jahre alt. Mit einem Welpen oder Junghund hätte ich das auf keinen Fall gemacht. Aber Urlaub ist doch etwas anderes! Wenn ich mit meiner Hündin Urlaub mache, dann sollten doch die Bedürfnisse von uns beiden berücksichtigt werden. Zu unseren ersten Urlauben im Hotel und in der Ferienwohnung erzähle ich später noch etwas.

Urlaubstipps von Frauke

Als Züchterin werde ich immer wieder gefragt, ab wann man mit dem Welpen in den Urlaub fahren kann. Ich bin der Meinung, wenn der Welpe zu Hause seinen Tagesrhythmus gefunden hat und weiß, wer zu seiner Familie gehört, dann kannst du losfahren. Vielleicht ist der Welpe dann noch nicht stubenrein oder knabbert noch etwas an. Aber du kannst bei einer Ferienwohnung vorher einmal mit dem Vermieter sprechen oder im Hotel nachfragen, ob das ok wäre mit einem Welpen.

Bei einem eigenen Wohnwagen/Wohnmobil musst du dann halt etwas flexibel sein und einen Welpenauslauf mitnehmen und ganz viele Inkontinenzmatten für die Nacht. Vielleicht fährst du dann erstmal kürzere Strecken oder machst mehr Pausen, damit der Welpe sich daran gewöhnen kann.

Ich finde, es gibt nichts Schöneres, als mit seinem Hund zusammen in den Urlaub zu fahren, gemeinsam am Meer spazieren zu gehen oder in den Bergen zu wandern

Ich sage immer, was der Hund als Welpe lernt, lernt er gleich fürs Leben!

Also immer gleich los mit dem Bärchen, ob mit dem Wohnmobil, in die Ferienwohnung oder ins Hotel.

Vorbereitung auf Frieda – mein Traumhund

Ende Mai hatte ich das Buch *Das Tier meines Lebens. Wie mein Hund aus mir einen anderen Menschen machte* von Ilka Piepgras gelesen. Genau wie ich wollte sie nie einen Hund haben, doch durch die Aufnahme des Berner Sennenhundes Teddy änderte sich ihr Leben schlagartig. Das Buch hatte mich begeistert.

Ich war mir sicher, dass ich keine vier Hundeschulen und etliche Hundetrainer brauchen werde, denn meine Senta war auch ohne Hundeschule zu einer tollen Hündin mit großer Ausstrahlung geworden. Allerdings hatte ich damals den Mensch-Hunde-Therapeuten José Arce konsultiert, dessen Bücher ich gelesen hatte.

Nach der Lektüre des Buches habe ich den Mut gefunden, wieder eine Berner Sennenhündin zu mir zu nehmen. Denn schon die erste Hündin hatte mein Leben verändert. Auch ich war früher eher Einzelgängerin und Solopianistin als Orchestermitglied. Ich bin umgänglicher geworden, pflege keinen Perfektionismus mehr, lege keinen Wert auf ein perfektes Styling, sondern gehe gerne mit Sportschuhen, Jeans und T-Shirt hinaus in die Natur.

Mein Leben hat sich verändert, und die Sauberkeit meiner Wohnung ist nicht so wichtig für mich. Wichtig ist die Liebe zwischen dem Hund und mir. Dazu traf ich die Entscheidung, was wirklich wichtig ist in meinem Leben.

Ich las dann das Buch *Berner Sennenhund* von Bernd Günter. Für ihn ist ein Berner ein ganz besonderer Hund – für ganz besondere Menschen. Er beschreibt das idealtypische Wesen des Berner Sennenhundes so: lieb, gutmütig, freundlich, anhänglich, zärtlich, sensibel, harmoniebedürftig, familienbezogen, häuslich; sicher, tolerant, geduldig, duldsam, ruhig, ausgeglichen, gelassen, mit hoher Reizschwelle, souverän in allen Situationen; zuverlässig, aufmerksam, wachsam, unerschrocken, mutig, beschützerisch.

Er schildert Szenen aus dem Leben seines Hundes Max – der ist für ihn ein „Traum von einem Hund“: beste Gesundheit, souveränes Wesen, hohes Alter, faszinierende Schönheit. Dazu ein glücklicher Hund.

Nach der Lektüre des Buches hatte ich mein Ziel klar vor Augen: Frieda sollte mein Traumhund werden.

Aber ein Traum entsteht nicht von allein, schreibt Günter. „*Vier Faktoren wirken zusammen, um einen Berner Sennenhund zu dem zu machen, was und wie er ist: 1. Das Erbe der Rasse … 2. Das aktuelle, verantwortungsvolle Bemühen des jeweiligen einzelnen Züchters … 3. Glückhafte Umstände. 4. Die Menschen, mit denen der Hund lebt (leben darf? Leben muss?).*"

In den Bereichen Gesundheit, Langlebigkeit und Schönheit spielt das Glück eine große Rolle. Hingegen ist das Wesen der Bereich, der am wenigsten vom Glück, vom Zufall abhängt. Denn das Wesen ist die Summe zweier Bereiche: der ererbten und der erworbenen Eigenschaften. Während der erste Bereich genetisch bestimmt ist, unterliegt der zweite Bereich der Kontrolle und der Verantwortung durch den Menschen: „*Mangelhafte Erziehung lässt gute Eigenschaften verkümmern und schlechte hervortreten. Sachkundige Erziehung kann vorhandene Schwächen weitgehend kompensieren und das Beste aus einem Hund herausbringen.*"

Und nun folgt eine Ermutigung für alle Welpenbesitzer, die in den ersten Tagen mit dem neuen Familienmitglied Zweifel haben, ob dieses kleine Wesen wirklich ihr Traumhund werden kann:

„Auch Max wurde nicht als der ideale Berner Sennenhund geboren, der er ist. Das Glück seiner Menschen war nicht immer vollkommen. Da waren die ersten Tage im neuen Heim, als er den Wohnzimmerteppich durchnäßte, das Tischbein annagte, die Gardine herunterriß, und seine Menschen durch herzerweichendes Heulen um den nächtlichen Schlaf brachte. Da waren die Wochen, als er – unbedacht zu lang allein gelassen – seine Matratze in kleinste Stücke zerfetzte, im Garten tiefe Löcher buddelte und Sträucher anknabberte; da war die Zeit, als er partout nicht kommen wollte, wenn man ihn rief; als er mit Begeisterung anderer Leute weggeworfene Papiertaschentücher aufnahm und hakenschlagend davonrannte, wenn man sie ihm wegnehmen wollte; als er sich genüßlich auf frisch gejauchter Wiese wälzte; als er mit schmutzigen Pfoten an verschreckten Spaziergängern hochsprang; als er innerhalb weniger Wochen

(war es Langeweile, Zorn, Verzweiflung?) dreimal den Sicherheitsgurt durchbiß, während er allein im Auto saß; als er mit markerschütternden Tönen … gegen das Alleinsein zu Hause protestierte."

„*In solchen schweren Zeiten hilft kein Glück*", schreibt Bernd Günter. „*Vielmehr ist jetzt der Mensch gefordert. Erziehung ist gefragt, Geduld, Lernbereitschaft, konsequentes Verhalten und Handeln, verantwortungsbewußter Umgang, Verzicht auf manche liebgewordene Gewohnheit – und viel (viel!) Zeit. Ob man einen gesunden, langlebigen und schönen Hund bekommt, liegt … zu einem nicht unerheblichen Teil in der Macht des Schicksals. Ob man einen guten, lieben und glücklichen Hund bekommt, liegt dagegen zum allergrößten Teil in der Macht des Menschen. Der Mensch kann und muß, vom allerersten Tag des Zusammenseins, in intensiver und konsequenter Beschäftigung mit dem Hund die Grundlage schaffen für ein lebenslanges glückliches Miteinander. Und diese Grundlage heißt: den Hund zu lehren, in der vom Menschen gestalteten Welt, die für ihn ja zunächst fremd ist, sich zurechtzufinden und in ihr ohne Konflikte und ohne Kollisionen zu leben; dabei ihn aber weder seiner Natur (als Hund) noch seiner Individualität (als dieser Hund) zu berauben.*" (Zitiert nach Bernd Günter, Seite 16/17)

Durch diese Texte fühlte ich mich motiviert und herausgefordert, meinen Traum von meiner künftigen Berner Sennenhündin Frieda Wirklichkeit werden zu lassen. Nachdem ich acht Jahre lang allein mit Senta gelebt hatte, konnte ich mir allerdings kaum vorstellen, was da auf mich zukommen würde. Ich vertraute darauf, dass es mir schon einmal gelungen war, einen ungestümen Welpen so zu erziehen, dass wir beide glücklich miteinander leben konnten. Obwohl ich ja damals gar keine Hundeerfahrung hatte. Und inzwischen hatten ja meine Lebenserfahrung, mein Mut und meine Kraft erheblich zugenommen, so dass ich zuversichtlich war, dass es auch diesmal gelingen würde, zumal ich mir jetzt einen Hund wünschte, was bei Senta ja anfangs nicht der Fall gewesen war.

Von Anfang an ein gutes Team: Erziehung mit Bauchgefühl

Den Hundeexperten José Arce aus Mallorca hatte ich entdeckt, nachdem 2014 sein erstes Buch *Meine 5 Geheimnisse für eine glückliche Mensch-Hund-Beziehung* erschienen war. Das wollte ich auch. Aber ich war meilenweit davon entfernt, als ich nach dem Tod meines Mannes allein mit der dreijährigen Senta zusammenlebte. Sie wollte nicht mit mir ins Auto steigen und ich hätte sie damals am liebsten abgegeben. „In jedem von uns schlummert die Fähigkeit, die Bedürfnisse seines Hundes zu erkennen", steht auf der Rückseite des Buches..

Die fünf Geheimnisse wenigstens ansatzweise zu erschließen, gelang mir erst, nachdem José Arce zu einem persönlichen Workshop bei uns auf Fehmarn gewesen war: 1. Führung übernehmen, 2. Natürliche Instinkte wiederentdecken, 3. Für Aufgaben und Beschäftigung sorgen, 4. Ruhe schenken, 5. Die richtige Sprache finden. Senta fuhr nun endlich im Auto mit, und ich hatte viel darüber gelernt, was ein Hund eigentlich ist und wie ich ihm zeigen kann, dass ich die Verantwortung für ihn übernehme, damit er Vertrauen zu mir haben kann.

Vor unserem Umzug von der Insel in die Stadt lernte ich im Seminar *Liebe deinen Hund. Wie Sie beim Gassigehen die Beziehung stärken* Josés Methode des strukturierten Spaziergangs. Und als meine geliebte Senta Anfang 2022 sehr krank wurde, war es José, der mir mit einem guten Rat half, als die Stunde des Abschieds gekommen war. Ich konnte Senta in den letzten Tagen und Stunden Ruhe und Sicherheit geben, so dass sie ganz ruhig und friedlich gehen konnte.

Heute weiß ich, dass es für die Erziehung eines Welpen das Wichtigste ist, ihm Ruhe zu schenken und Sicherheit zu vermitteln. Während ich dieses Buch schreibe, ist Frieda noch in der turbulenten Phase der Pubertät. Erst kürzlich habe ich bewusst erlebt, wie ich ihr nach einem ganz aufregenden Tag Ruhe und Sicherheit geben kann.

An Josés Methode des strukturierten Spaziergangs habe ich mich erst vor ein paar Monaten wieder erinnert, als ich mit der 18 Monate alten Frieda ein Problem hatte und daraufhin allerhand „eigenartige" Ratschläge in einer Berner Sennengruppe bekommen hatte. Ich habe dann vier Monate lang konsequent geübt und umgesetzt und kann heute sagen, dass das Problem gelöst ist. „Man führt einen Hund nicht mit der Leine, sondern mit dem Herzen", sagt José Arce.

Bereits vor Friedas Ankunft las ich immer wieder in seinem Welpenbuch. Frieda sollte auch so ein Traum von einem Hund werden, wie es Senta war. Und ich wünschte mir auch, dass wir vom ersten Tag an ein tolles Team sein würden. Aber ein Welpe muss erst noch wachsen, genau wie die Beziehung zwischen Mensch und Hund erst allmählich heranwächst. Denn Bindung ist nach Josés Meinung die Basis für alles. Erst wenn der Mensch die Verantwortung für seinen Hund übernimmt, ihm sagt, wo es langgeht, dann fühlt sich der Hund wohl, dann weiß er, wohin er gehört. Und er fühlt sich sicher und geborgen. Er kann sich in unserer Menschenwelt zurechtfinden und wird sich automatisch so verhalten, wie wir es von einem „guten" Hund erwarten. Denn wir wollen ja beide unser Zusammenleben genießen, wir wollen beide glücklich sein.

Wenn der Welpe vom Züchter zu uns kommt, geht es also zuerst vor allem darum, Bindung zu schaffen. Für die ersten Wochen sollten wir für klare Strukturen sorgen. Ein geordneter, immer wiederkehrend gleicher Tagesablauf erleichtert es dem Hund, sich in seinem neuen Zuhause einzugewöhnen. Und schließlich sollten wir ihm beim Lernen helfen, dazu nennt José Arce einige grundlegende Basics, die jeder Hund können sollte (S. 113):

- Respekt zeigen anderen Menschen gegenüber
- Länger allein bleiben können
- Autofahren
- Sich an der Tür benehmen
- Sitz und Platz machen und auf Rufen herbeikommen
- Spazierengehen für Fortgeschrittene

Das Motto des Welpenbuches hat mich durch die ganze Welpen- und Junghundezeit bis heute begleitet:

Die wichtigste Charaktereigenschaft, die ein Hundehalter braucht, ist Souveränität. Das wichtigste Gefühl: Intuition.

Fraukes Tipps zur Erziehung

Ich habe nun meinen neunten Berner, und irgendwie sind alle gleich in der Erziehung, aber auch irgendwie nicht. Berner sind Familienhunde, wollen gefallen und ihr „Rudel" zusammenhalten.

Ich war nie in einer Hundeschule, habe immer alles aus dem Bauch heraus entschieden oder mir Hilfe von Freunden geholt, die auch einen Berner haben.

Du musst einen Berner haben, um zu verstehen, warum Erziehung mit Bauchgefühl beim Berner am besten ist.

Wenn ich meine Pferde „anschreie", weil sie nicht kommen oder in der falschen Box stehen, dann sind die Berner weg. Eigentlich sind Berner sehr sensibel und mögen es nicht laut und streng.

Ok, sie sind manchmal auch etwas „dickfällig", aber alles gepaart mit „ich hör dich ja, ich komme gleich … Moment noch".

Manche Berner haben die Ruhe weg, manche sind aber strebsam und machen alles sofort und wollen immer gefallen. Im Grunde kommen sie mit jedem anderen Hund zurecht, aber wenn es um ihr Zuhause, um ihre Menschen geht, dann kann selbst ein Berner auch mal knurren.

Ein Berner ist der Spiegel von dir selber, er lernt schnell und passt sich gut an. Bist du ängstlich und vorsichtig, dann ist er das auch bald.

Ich liebe diese Rasse und es macht Spaß, mit Bernern zu arbeiten.

Ich habe eine Hündin, die ist mit 8 Wochen schon nach rechts gelaufen, wenn wir alle nach links gegangen sind. Ich rufe alle – sie fehlt, liegt entspannt und tut so, als wenn sie nicht gemeint ist.

Jetzt habe ich eine Hündin, die springt mich immer von hinten an und klettert überall drauf. Mein Deckrüde springt ganz locker aus dem Stand über einen 1 Meter hohen Zaun – ein Berner. Meine Nike ist eine Streberin, sie macht alles nur, um mir zu gefallen, sie ist so eine tolle Hündin. Und Daisy ist eine kleine Chaotin.

Jeder ist anders vom Charakter her und macht das Rudel so interessant. Rufen tue ich nur noch mit Pfeife, das geht schneller und ist wirksamer …

Frieda abholen – in ein welpensicheres Zuhause

Lange bevor ich Frieda abholen konnte, habe ich mit Frauke darüber diskutiert, wie wir das machen sollten. Die Welpen waren noch nicht ans Autofahren gewöhnt – und die Reise würde etwa acht Stunden dauern. Sie sollte für Frieda möglichst stressfrei verlaufen.

Eins war von Anfang an klar: Conny, die Hundepatentante, würde mitkommen und wir würden in der Nähe von Delingsdorf übernachten, damit wir dann am Abholtag rechtzeitig morgens losfahren könnten.

José Arce empfiehlt eine Hundebox auf dem Rücksitz – die könne man dann auch weiter in der Wohnung verwenden. Ich erinnerte mich, dass wir Senta damals in einer Hundebox von Lübeck nach Fehmarn transportiert hatten – und dass sie dann nie wieder in diese Box gegangen ist. Auch ich habe gewisse Vorbehalte gegen eine solche Box, auch wenn viele Hundehalter immer wieder beteuern, dass der Hund sich darin nicht eingesperrt fühlt, sondern besonders sicher und geborgen.

Auch aus praktischen Gründen wollte ich nicht auf Dauer eine Box verwenden: Ich habe ein relativ kleines Auto, in dem kein Platz für eine größere Box ist. Ein Berner Sennenhund wird ja schnell größer, und dann soll es auch auf späteren Reisen noch passen. Ich entschied mich daher für die Lösung, die ich auch auf den Reisen mit Senta praktiziert hatte: Der Hund liegt auf dem Rücksitz und wird dort mit einem kurzen Gurt am Geschirr angeschnallt.

So würden wir zu zweit die kleine Frieda gut nach Hause bringen können, einer von uns könnte sich auch neben sie auf die Rückbank setzen, um beruhigend auf sie einzuwirken. Ich verwende aufblasbare Kissen zwischen der Rückbank und den Vordersitzen, darauf eine spezielle Hundedecke, die wie eine Wanne ist und mit Gurten an den Kopfstützen der Vordersitze und der Rückbank befestigt ist. Dahinein wollten wir noch eine kuschelige Decke legen.

Auf diese Weise würde Frieda gleich so reisen, wie wir auch später reisen würden, wenn ich mit ihr alleine unterwegs war.

Am Morgen in Delingsdorf meinte Frauke: erstmal die Bürokratie erledigen und dann kuscheln – aber es kam etwas anders. Friedas Eltern Daisy und Phil erwarteten uns schon am Hofeingang – und Conny fand gleich mehrere Hunde zum Kuscheln. Es gab eine Menge Geschenke – ich bekam Friedas Papiere und bezahlte die bestellten Futterpakete – und dann begrüßten wir erstmal die „Großen".

Und endlich ging es zu den Welpen – natürlich kamen die „Großen" mit. Aber wo war Frieda?

Als sie dann ihr schickes Geschirr anhatte, konnte ich sie gleich finden in dem Gewusel der vielen Hunde.

Der Moment, als ich sie auf dem Arm hatte und wir das „Abschiedsfoto“ mit Frauke aufgenommen hatten, war für mich der glücklichste Moment im Jahr 2022. Als ich die kleine Frieda durch den Garten zum Auto trug, liefen Tränen des Glücks und der Rührung.

Glück pur

Eigentlich hatten wir verabredet, dass Conny zu Beginn fahren sollte, und ich wollte die kleine Frieda auf dem Schoß behalten. Aber dann entschied ich, dass es sicherer wäre, wenn ich selbst mein Auto durch die Dörfer zur Autobahn fahren würde, und so nahm Conny die kleine Frieda in den Fußraum. Dort hat sie ganz ruhig geschlafen.

Die Autofahrt von Delingsdorf nach Bamberg dauerte fast 9 Stunden und ich bin dann doch die ganze Zeit gefahren. Es war für mich gefühlsmäßig eine Mischung aus Feierlichkeit, Sicherheitsbedürfnis und Verantwortungsgefühl – immerhin transportierte ich eine kostbare Ladung mit der kleinen Frieda und ihrer Hundepatentante Conny.

Bei der zweiten Pause im Harz machte Frieda zum ersten Mal Pipi und lief einige Schritte an der Leine – das war eine Premiere, sie war noch nie an der Leine gegangen! Danach haben wir sie angeschnallt auf die Rückbank gelegt – dort hat sie dann selig geschlafen, bis wir zu Hause ankamen.

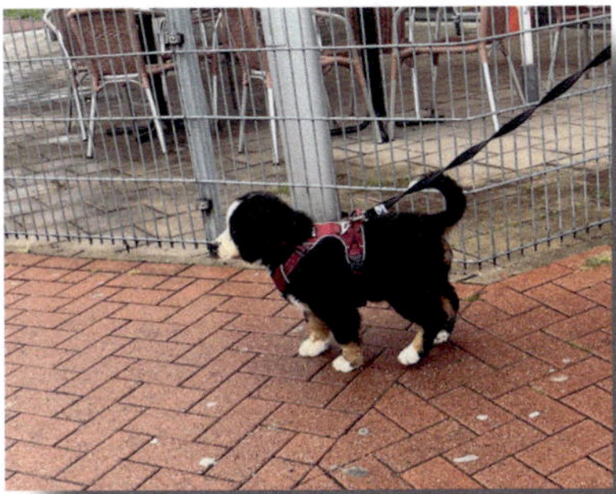

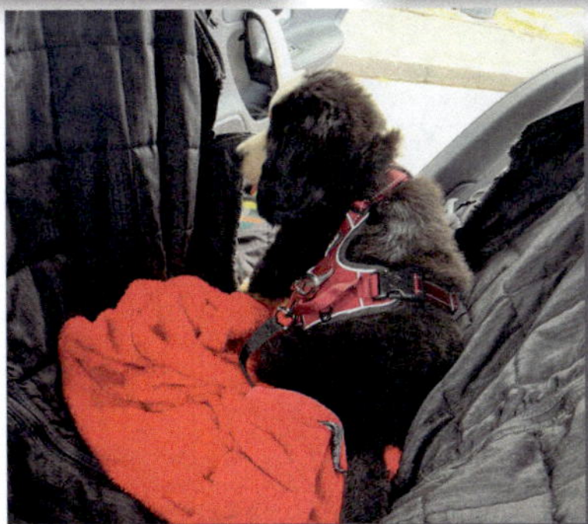

Nach ein paar Fotos vor der Haustür fuhren wir mit Frieda im Aufzug hinauf zu meiner Wohnung. Sie lief von Raum zu Raum, fand es aber gleich sehr schön in meinem kleinen Büro, das noch heute ihr Lieblingsraum ist. Vielleicht auch, weil die Wohnung insgesamt sehr offen ist und das Büro der kleinste abgeschlossene Raum.

JOACHIM BAUER
La montagna incantata

Ich hatte eine einfache höhenverstellbare Futterbar mit zwei Näpfen gekauft, denn Sentas gute Futterbar mit den Edelstahlschüsseln war noch zu hoch. Zusätzlich hatte ich zwei Schüsseln mit Wasser in der langen Diele hingestellt. Ein wenig enttäuscht war ich, dass sich Frieda nicht gleich über das angebotene Welpenfutter hermachte – doch der Appetit kam erst am nächsten Tag. Frauke hatte uns ein Stofftier mitgegeben, das nach Mama Daisy roch – das liebt Frieda heute noch. Von mir hatte sie ein kleines Hundebett bekommen mit einem Stofftier, darin schlief sie direkt ein. Ich hatte es zuerst direkt neben mein Bett gestellt, später dorthin, wo Senta immer ihr großes Bett hatte. Das war fast neu, aber es wäre noch zu groß gewesen, und so stand es in einer Ecke des Schlafzimmers, bis wir es dann einige Monate später einweihten. Wir haben gut und fest geschlafen in den ersten Nächten.

Von Frauke hatten wir das Vetbed, eine kuschelige Hundedecke geschenkt bekommen – das lag am Hundeplatz im Wohnzimmer neben meinem Sessel. Ich habe später ein zweites gekauft, weil Frieda sehr gerne darauf lag und auch heute noch liegt. Inzwischen liegt ein Vetbed in dem großen Hundebett.

Ich hatte auch eine „Hundetoilette" gekauft, eine „Welpentoilette" mit Kunstrasen, die Frieda allerdings nie benutzt hat. Gut und brauchbar waren die Trainingspads für Hunde und Welpen, auslaufsicheres 5-lagiges Design mit schnell trocknender Oberfläche, die ich regelmäßig im Internet bestellte. Dazu mehr im Kapitel *Stubenreinheit*. Als Spielzeug kaufte ich einen Hundeball aus Naturkautschuk, ein kleines Plüsch-Nilpferd und ein Set Seil mit Knoten zum Kauen und zur Zahnpflege aus Baumwolle für kleine/mittlere Hunde und Welpen.

Und dann hatte ich die Idee, einen Bollerwagen zu kaufen. Denn von meiner Wohnung bis zum Bamberger Hain, wo ich so gerne mit Senta spazieren gegangen war, musste ich etwa 10 Minuten durch das Wohnviertel laufen. Ich dachte, so könnte ich Frieda gut dorthin fahren, weil doch ein Welpe am Anfang nur 5 Minuten laufen soll. Außerdem plante ich, im Oktober ein Business-Fotoshooting mit Bamberger Atmosphäre durchzuführen, da sollte Frieda natürlich dabei sein. Und was wäre praktischer, als Hund und Ausrüstung der Fotografin mit einem Bollerwagen zu transportieren? Dachte ich. Noch im August. Doch es kam anders. Mit dem Bollerwagen fuhren wir schließlich nur einmal zum Tierarzt, und das Fotoshooting verschoben wir um ein Jahr.

Dies zeigt, welche unrealistische Vorstellung ich vom Leben mit einem Welpen hatte. Die Realität holte mich schnell ein. Zum Glück konnte Conny die ungebrauchten Gegenstände über Ebay wieder verkaufen.

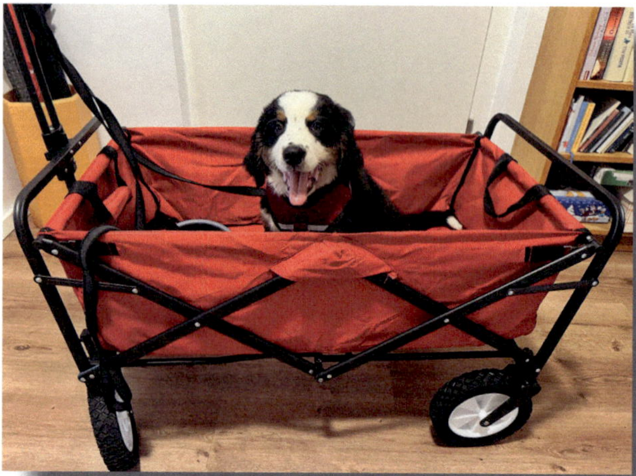

Und nun gibt Frauke ein paar Tipps

Nun kommt Tag x und die Welpen ziehen aus. Ein aufregender Tag, viele können davor nicht richtig schlafen. Je nach Welpenzuhause besprechen wir, wie es bei jedem passt mit dem Umzug. Lebt schon ein Bärchen oder ein anderer Hund im Haushalt? Hattest du schon einen Berner oder einen anderen Hund oder ist es der erste Hund?

Viele sind so aufgeregt, dass sie mir gar nicht mehr zuhören. Am Abgabetag besprechen wir noch einige wichtige Dinge, wie Impfausweis, wann die nächste Impfung ist, Tasso-Registrierung, was sie im Moment zu fressen bekommen usw. Nun werden die Bärchen geholt und der Abschied naht. Du darfst diesen Moment nicht so vermenschlichen. Die Hündin sieht das ziemlich entspannt, manchmal denke ich, dass sie erleichtert ist, wenn die Welpen ausziehen. Viele Welpenbesitzer denken auch, wenn sie uns besuchen, dass die Hündin sich freut, ihre Welpen wiederzusehen, aber das habe ich tatsächlich noch nie erlebt. Sie beißen sie eigentlich immer weg und gehen in die andere Richtung. Im Rudel werden die Welpen schon wiedererkannt, aber im

Rang ganz nach unten gesetzt, und wenn einer meint, er will etwas sagen, dann bekommt er das auch gleich zu spüren.

Eigentlich gar kein Problem ... aber viele stellen sich doch die Frage: Wo sitzt der Welpe im Auto, wie oft mache ich eine Pause? Wer sitzt bei dem Welpen im Auto? Es ist schon aufregend, nun mit dem kleinen Wollknäuel zu reisen.

Als Züchterin melde ich alle Welpen bei Tasso an, falls etwas passieren sollte, dann ist der Hund dort gleich registriert.

Es ist eigentlich ein Tag wie jeder andere, trotzdem wird ab heute alles anders. Ein Welpe zieht ein und verlangt volle Aufmerksamkeit. Alles wird aufregend und neu sein. Oft sind die Welpen überfordert und schauen erstmal, aber nach einer kurzen Zeit entdecken sie ihr neues Zuhause.

Auf der Autofahrt rollen sich die Welpen ein und schlafen fast alle. Ich empfehle eigentlich immer, dass derjenige, der die Erziehung des Welpen übernimmt, auch die Autofahrt mit dem Welpen verbringt. Es baut sich dann nämlich immer schon gleich ein Vertrauensverhältnis auf. Der Welpe vertraut dem Menschen, dass er, wie seine Mama, gleich auf ihn aufpasst und ihn beschützt.

Wenn du eine weitere Strecke vor dir hast, dann solltest du zwischendurch ruhig eine Pause machen und den Welpen ins Gras setzen. An der Leine laufen kann der Welpe noch nicht, das musst du ihm Schritt für Schritt beibringen. Berner lernen eigentlich schnell.

Gerade wenn du Leckerlis in der Tasche hat, kannst du einen Berner leicht für dich gewinnen. Nur Vorsicht, dass du auch nur das positive Verhalten verstärkst und nicht das, was du nicht möchtest. Das geht leider auch schneller als du denkst.

Zu Hause angekommen, wird der Welpe erstmal sein neues Zuhause unsicher machen. Ganz langsam wird er in seinem Tun sicherer, und wenn kein „Nein" kommt bzw. keine Grenzen gesetzt werden, dann testet er alles aus.

Ein Berner denkt oft in seinen ersten Lebensmonaten, dass er „Nein" heißt, weil er das Wort öfter hört als seinen Namen.

Du solltest dir vorher überlegen, was darf der Berner und was darf er nicht. Wenn du alleine lebst, dann musst du selbst überlegen und dies konsequent durchhalten. Ein Welpe testet täglich, ob er nicht vielleicht doch aufs Sofa darf oder ob Mama das „Nein" ernst meint. Die Berner können unwahrscheinlich liebevoll die Augen verdrehen und ganz langsam heimlich aufs Sofa krabbeln.

Wenn du in einer Familie lebst, dann solltet ihr euch vorher über verschiedene Dinge unterhalten und mit deinen Kindern besprechen. Einer sollte sich um die Erziehung des Welpen kümmern und für den Welpen immer da sein. Gerade wenn der Welpe nachts noch raus muss. Es sollte ein Rückzugsort für den Welpen geben, wohin er, wenn er seine Ruhe haben möchte, flüchten kann.

Gerade mit Kindern musst du ganz klare Linien schaffen, damit der Welpe genau weiß, was darf ich und was nicht. Wie gesagt, am besten ist es am Anfang, wenn einer diese Aufgabe übernimmt.

Wie bei Kindern musst du auch einem Welpen alles mehrmals sagen und nicht nur an einem Tag, sondern immer wieder, bis es sitzt und er es nicht mehr in Frage stellt. Denn eins können Berner: so etwas immer wieder in Frage stellen …

Welpensichere Wohnung und Dachterrasse

Vier Monate vor Friedas Ankunft hatte ich meinen 70. Geburtstag auf der Dachterrasse gefeiert und mir Pflanzen schenken lassen, die dort in großen Kübeln standen. Eine herrlich blühende Dipladenie gehörte zur Familie der Hundsgiftgewächse, sie war in allen Pflanzenteilen giftig bis stark giftig, wie ich im Internet lesen konnte. Und die Blütenblätter lagen oft auf der Terrasse herum. Diese Pflanze mitsamt dem Kübel habe ich vor Friedas Ankunft meiner Nachbarin geschenkt. Die anderen Pflanzen durften vorerst bleiben – im Oktober überraschte mich Frieda, als sie auf der Terrasse mit einer Erikapflanze spielte, die ich gerade in einen höheren Behälter gepflanzt hatte.

Im nächsten Frühjahr waren die meisten Pflanzen nicht mehr besonders ansehnlich, ich säte dann Gras in allen Kübeln, gruppierte die Kübel zu kleinen Inseln und baute Kaninchengitter drumherum auf. Das hätte ich mir allerdings sparen können. Die Wasserschläuche brachte ich in den Keller, benutzte Gießkannen, die aber nach einiger Zeit „durchlässig“ wurden, nachdem Frieda sie angeknabbert hatte. Inzwischen habe ich alle Kübel abgeschafft – Frieda hatte eine gärtnerische Leidenschaft entwickelt und wühlte immer die Erde aus den Kübeln, in denen sie gerne ihre Kauknochen verbuddelte. Heute wühlt sie gerne mal im Wald, gräbt dort tiefe Löcher und versteckt auch gefundene „Beute“, die sie dann in den nächsten Tagen wieder herausholt.

Wenn du einen Garten hast, so wie ich damals, als Senta klein war, solltest du genau schauen, was dort alles wächst und ob es giftig für Hunde ist. Diese für Hunde schädlichen Pflanzen habe ich im Internet gefunden: Flieder, Maiglöckchen, Kirschlorbeer, Hortensien, Oleander, Rhododendron, Engelstrompete. Ganz ehrlich: Bis auf Maiglöckchen und Oleander hatten wir diese Pflanzen im Garten, aber Senta hat sich zum Glück nie daran vergiftet. Du solltest auch darauf achten, ob es Schlupflöcher in deinem Zaun gibt – auch wenn dein vorheriger Hund nie auf die Idee gekommen wäre, dein Grundstück zu verlassen, könnte es der neugierige Welpe doch tun. Achte auch darauf, ob irgendwo Dünger, Insektenschutzmittel, Mäusefallen oder scharfe Gartengeräte herumstehen. Räume am besten alles in ein verschließbares Gartenhaus. Senta verbuddelte gerne alte Brötchen und Kauknochen im Garten, die sie dann später wieder herausholte. In meiner Wohnung kann Frieda das nicht, aber in Sofaritzen und Raumecken habe ich auch schon Kauknochen gefunden.

In meiner Wohnung war eigentlich alles schon hundefreundlich, wie ich dachte. Der große Orientteppich sollte liegen bleiben, nachdem ich ihn nach Sentas Tod hatte reinigen lassen. Dieses Erinnerungsstück an unsere Hochzeit war der einzige Teppich in meiner Wohnung, außer einem kleinen Läufer. Einige Monate später wollte ich den Teppich noch einmal reinigen lassen, weil die kleine Frieda immer wieder darauf gemacht hatte. Doch er wurde nicht mehr ganz sauber und so verschenkte ich ihn – ohne ihn je zu vermissen. So ging es mir übrigens mit vielen Gegenständen, die Frieda im Lauf der ersten Monate „untersuchte". Nach und nach wurde meine Wohnung frei von Überflüssigem.

In der Diele gibt es eine kleine Schuhbank, da wollte ich weiterhin meine Schuhe hineinstellen. Auch wenn Senta früher eine ganz spezielle Vorliebe für die Sandalen meines Mannes gehabt hatte, sie hatte aber immer nur den rechten Schuh angeknabbert. Ich glaubte also, dass es diesmal anders sein würde. Bis zu dem Tag, als die kleine Frieda selbst unter der Schuhbank lag … Meine Kleidung legte ich schon lange nicht mehr im Schlafzimmer ab, sondern im Badezimmer, und dorthin kamen auch die Schuhe, die gerade im Gebrauch waren.

Senta hatte immer eine Vorliebe für Fernbedienungen und mobile Telefone gehabt, die sie in den Garten schleppte und „ausprobierte". Meinen CD-Player muss ich heute noch direkt am Gerät bedienen, weil es für die zerbissene Fernbedienung keinen Ersatz gibt. Daher räumte ich diese Teile von vornherein auf das höhere Regal. Was in meiner Wohnung aber sonst noch alles nicht welpensicher war, merkte ich erst im Laufe der Zeit. Doch dazu später.

Und nun erzählt Frauke

Im neuen Zuhause angekommen beginnt eine aufregende Zeit. Viele Welpen sitzen erstmal da und müssen das Ganze verarbeiten. Nach und nach tauen sie auf und erkunden ihr neues Zuhause. Es gibt viel zu entdecken.

Auf einmal bekommen Dinge Beine, die du so gar nicht auf der Reihe hast. Bücher werden aus dem Regal geholt, oder ab einem gewissen Alter schaut der Welpe mal, was auf der Küchenarbeitsplatte steht. Ganz beliebt sind die Hausschuhe. Du solltest anfangen, alles hochzustellen.

Ist der Welpe endlich da, dann ist er nicht gleich stubenrein. Sie schaffen es zwar schon eine Weile anzuhalten, aber die neue Umgebung, da ist alles sehr aufregend, da kann der Welpe schon das Gelernte vergessen und muss wieder neu lernen.

Ich lege immer allen ans Herz, einen geregelten Tagesablauf zu schaffen für die Kleinen. Damit durch die Regelmäßigkeit Gewohnheiten entstehen und über die Gewohnheiten Routinen.

Mindset I: Hundemama mit Souveränität und Intuition

Friedas Einzug in mein Leben bedeutete wesentlich mehr als nur den Einzug eines jungen Hundes in meine Wohnung. Ein kleiner Hund ist mit 9 Wochen kein unbeschriebenes Blatt, sondern ein Lebewesen, das schon vielfältige Erfahrungen gemacht hat: mit seiner Hundemama, dem Hundepapa, den Geschwistern, Hundeverwandten und mit der Züchterin.

Ein Welpe ist kein Baby, er kann selbst laufen und fressen und vieles mehr. Meine Nachbarn haben eine kleine Tochter Frieda, die am Tag vor meiner Hündin Frieda geboren war. Immer wenn wir uns treffen, sehen wir die Unterschiede zwischen Baby und Welpen, zwischen Kleinkind und Junghund.

Es ist für mich ein wundervolles Erlebnis, einen jungen Hund von Anfang an in seiner Entwicklung zu begleiten und gemeinsam mit ihm die Welt neu zu entdecken, bis er schließlich mein „Traumhund" ist und wir ein „Dreamteam" geworden sind.

Liebe und Verantwortung werden ganz wichtige Begriffe, denn Verantwortung übernehmen bedeutet ja, eine Bindung zu schaffen und mehr Vertrauen zu gewinnen: die Liebe zu meinem Hund.

Wie viele frischgebackene Hundebesitzer dachte ich auch erst einmal, wie niedlich Frieda ist, und dass sie noch viel zu klein für die Erziehung ist! Intuitiv machte ich aber vieles richtig, indem ich sie einfach an meinem Alltag teilnehmen ließ. Als Verlegerin und Autorin arbeite ich vor allem am Schreibtisch und am Computer, ruhige, stille Arbeit ist das meistens. Dazu gibt es Gespräche, Kurse, Mentorings mit Autoren über das Internet. Ich hatte nicht nur den Alltag mit Frieda klar strukturiert, sondern auch meinen eigenen Arbeitsalltag, so dass es Frieda leicht fiel, sich einzugewöhnen.

Das Motto aus José Arces Welpenbuch prägte mein Mindset in der ersten Zeit mit Frieda:

Die wichtigste Charaktereigenschaft, die ein Hundehalter braucht, ist Souveränität. Das wichtigste Gefühl: Intuition.

Meine Intuition hat sich mit zunehmendem Alter sehr gut ausgeprägt, das dürfte ein großer Vorteil sein, wenn du als älterer Mensch noch einmal einen Welpen großziehen möchtest. Für die Souveränität fand ich im Internet folgende Erklärung: Ein souveräner Mensch ist unabhängig von der Meinung anderer und vertraut auf die eigene Meinung. Er widersteht dem Herdentrieb, vertraut auf das eigene Bauchgefühl und macht sich damit womöglich auch mal unbeliebt.

Das passt m. E. sehr gut, wenn du mit 70 noch einmal Hundemama wirst. Es ist ganz wichtig, stets davon überzeugt zu sein, dass es gut und richtig ist, mit 70 einen Welpen aufzuziehen. Später, als Frieda Junghund war und ich einige schwierige Situationen erlebt habe, dachte ich manchmal, dass die anderen Leute denken: „Warum muss diese ältere Frau denn einen Welpen großziehen, und dann noch eine so große Rasse?"

Ich habe an meinem Mindset gearbeitet, und heute ist meine Überzeugung, dass ich es gut mache mit Frieda, dass ich sie souverän erziehe, also selbstbewusst, unabhängig und im Vertrauen auf meine eigene Meinung. Vor allem habe ich die Ruhe und eine gelassene Ausstrahlung, die ein jüngerer Mensch nicht unbedingt hat, wenn er sich noch in der Phase von Familie, Kinderziehung, Berufsfindung befindet und/oder bereits erheblichen Stress durch seine berufliche Karriere hat. Ich kenne meine Stärken und Schwächen, und wenn ich einen Fehler mache, stehe ich dazu und übernehme die Verantwortung.

Und das meint Frauke dazu

Jetzt hast du neben dir so ein kleines Wollknäuel im Auto sitzen und bist dafür verantwortlich. Kann ich das alles, schaffe ich das, mag der Kleine mich, bekomme ich das alles hin? Viele Fragen, die du nur beantworten kannst, wenn du den Schritt wagst.

Beim ersten Hund machst du dir noch viele Sorgen und Gedanken. Meine Devise ist immer, einfach machen und zur Not spontan umentscheiden, wenn du merkst, Plan A klappt nicht.

Du brauchst viel Geduld, Ausdauer und Durchhaltevermögen. Und vor allem musst du dir deinen eigenen Weg suchen. Wie auch in der Erziehung von Kindern: Alle wissen und können es besser. Natürlich kannst du dir auch einen Trainer holen, der dir mal weiterhilft, ansonsten, wenn ich da lang möchte, dann gehe ich auch da lang und der Welpe kommt mit.

Auch in ein Restaurant? Ja, ich finde, Hunde gehören nicht in ein Restaurant, aber es ist gut, wenn der Welpe auch mal in einem Restaurant war, selbst wenn du nur kurz etwas trinken gehst. So hat der Welpe auch mal ein Restaurant kennengelernt.

Du brauchst viel Geduld, wenn du dem Welpen etwas beibringen möchtest. Nach einmal hat der Welpe das noch nicht gelernt. Du musst so etwas immer wiederholen an verschiedenen Tagen. Einmal sagen, das bringt noch nichts. Du musst es bestimmt 10-mal sagen und dann muss er es auch noch verstehen.

Natürlich kann sich ein Welpe nicht gleich so lange konzentrieren, da musst du etwas aufpassen. Jeder Welpe ist auch anders.

Und du musst Ausdauer und Durchhaltevermögen beweisen.

Ich sage immer, Rom ist auch nicht an einem Tag erbaut worden und so ist das auch in der Erziehung eines Welpen. Das klappt nicht immer gleich.

Der Welpe merkt auch, wie entschlossen ich bin in meinem Handeln und nimmt mich dann auch erst für voll und akzeptiert mich als Rudelchefin. Übe ich etwas *laissez faire*, dann nimmt der Welpe mich nicht für voll und stellt länger etwas in Frage.

Du musst, wie in der Kindererziehung, konsequent sein und klar in deinem Handeln. Sicheres Auftreten ist das A und O.

Wie schnell lernen Kinder, wie sie ihre Eltern um den Finger wickeln können. So geht das beim Welpen auch. Ganz schnell hat er raus – einmal Augendrehen, ich darf ins Bett, zweimal Augendrehen, ich darf aufs Sofa – und wie war das mit den Leckerlis?

Herrlich … ich liebe diese kleinen Wollknäuel. Sie wissen genau, was sie tun.

Und natürlich muss du dies auch mit 70 sein – konsequent und ausdauernd. Später zahlt sich dein Durchhaltevermögen aus und du kannst deine Früchte ernten. Aber bis dahin ist es ein langer Weg. Und du wird oft das Wörtchen „Nein“ benutzen. Manchmal gibst du dann doch auf und „schwuppdiwupp“ ist der Berner auf dem Sofa.

Alle lieben Frieda: Tauffeier mit Nachbarn und Freunden

Eine Woche, nachdem Frieda bei mir eingezogen war, kam eine Freundin mit ihrem Mini-Beagle zu Besuch, die damals noch größer als Frieda war. Wir machten einen Ausflug zu viert zu einem Weingut im Steigerwald und aßen dort nach einem Spaziergang eine leckere Forelle. Die zehn Wochen alte Frieda lag ganz brav im Restaurant dabei.

Zuerst hatte ich Bedenken, gleich Besuch zu bekommen – aber nachträglich erwies es sich als gut. Da auch unsere Freunde und Nachbarn die kleine Frieda kennenlernen wollten, hatte ich die Idee, eine Tauf- und Kennenlernparty für Frieda zu veranstalten, während meine Freundin da war. Das würde besser sein, als wenn jeder einzeln zu uns käme, hatte ich mir überlegt. Denn auch draußen auf der Straße wurden wir oft angehalten, aber für Frieda war das ziemlich irritierend. Sie hatte sich ja noch gar nicht an so viele Begegnungen und den Straßenverkehr gewöhnen können.

Friedas Patentante Conny spendierte zwei Torten und kreierte eine tolle Tauf-Torte. Wir bekamen schöne Geschenke, es gab Kaffee und Kuchen und dann ein Glas Sekt zur Feier des Tages.

An unserer Kaffeetafel saßen insgesamt 10 Personen und zwei Hunde, außer dem Beagle war noch ein großer älterer Retriever da. Die kleine Frieda nahm das alles gelassen und ließ sich von Arm zu Arm reichen. Und alle Gäste hatten große Freude an ihr.

Unser Freund Dr. Stefan Hartmann als ehemaliger katholischer Geistlicher hatte angeboten, eine Segnung durchzuführen. Es war eine feierliche Ansprache, bei der wir auch Friedas Namensgebung feierten. Die kleine Frieda hörte sich das – auf meinem Arm – alles geduldig an.

Ich hatte ein Tauflied ausgesucht, das wir nach der Segnung anhörten: „Kleines Wunder – Größtes Glück". Den Refrain haben wir dann mitgesungen:

Du kleines Wunder – unser größtes Glück
hast uns're Herzen längst erobert Stück für Stück
Wir sind von nun an immer bei dir
und woll'n deine Engel sein
vertrau stets darauf: du bist niemals allein

Text/Melodie: Lila (Carolin Rohrbach)

Und das meint Frauke dazu

Das fand ich eine sehr niedliche Idee! Und ich muss sagen, das hatte ich bis jetzt noch nicht gehört.

So etwas Niedliches habe ich noch nicht miterleben dürfen und es war sehr schade, dass ich nicht live dabei sein konnte.

Eine turbulente Welpenzeit

**Sicher, ein Leben mit Hund ist anders als ein Leben ohne Hund.
Aber genau das ist ja auch das Schöne daran.**

(José Arce)

Bindung schaffen

Vom Welpen zum Traumhund – das ist ein langer Weg. Zwar wünschte ich mir, dass wir vom ersten Tag an ein tolles Team sein würden. Und eigentlich brachte Frieda ja schon vieles mit, was ich mir von meinem neuen Hund wünschte. Aber sie war eben noch kein „fertiger" Hund, sie musste vieles lernen über unser Leben und meinen Alltag. Vor allem musste unsere Beziehung erst einmal wachsen. Frieda musste einfach spüren, dass sie jetzt zu mir gehörte und sich auf mich verlassen konnte. Ich folgte José Arces Rat in seinem Welpenbuch, lieber mit einer Portion Bauchgefühl als mit strenger Erziehung nach Plan vorzugehen.

Gleich an Friedas erstem Abend in unserer Wohnung zeigte sich schon der richtige Weg, als sie mein Büro als ihren Lieblingsraum aussuchte. So brauchte ich sie bloß in meinen Alltag als Verlegerin, Autorin und Mentorin zu integrieren, sie war von Anfang an bei allen wichtigen Tätigkeiten dabei und ist es bis heute immer noch.

Die Leckerlischale auf meinem Schreibtisch brauche ich heute nicht mehr. Aber es gibt einen kleinen Vorrat an Knabberartikeln in einer Schreibtischschublade – insbesondere für längere Sitzungen im Internet. Ich hatte Sentas Kinderdecke vor die Tür zur Terrasse gelegt, aber die nahm Frieda nicht an. Heute liegt sie einfach auf dem Fußboden vor der Glastür – im Sommer auch auf der Terrasse, um zu mir ins Büro zu schauen.

Das Vetbed lag im Wohnzimmer, neben meinem Sessel und dem Flügel, unter dem der große Stofflöwe Leo liegt, der Friedas Freund wurde.

Ihr erstes kleines Hundebett stand zwischen meinem Bett und dem großen Bett, in dem Senta geschlafen hatte. So gewöhnte sie sich schnell daran, zu ruhen, wenn ich auch ruhte – im Sessel oder im Bett.

Ganz wichtig waren die Fressnäpfe, die am Eingang meiner offenen Küche stehen. Sie frisst, wenn ich koche bzw. esse, und sie läuft immer mit, wohin ich auch in der Wohnung gehe. Sie darf auch in die Küche.

Es gibt Hundehalter, die ihren Welpen in den ersten Nächten mit ins Bett nehmen. Das habe ich nicht getan, auch als sie größer wurde und versucht hat, in mein Bett zu klettern, habe ich das abgewehrt.

Ich habe Ledersessel, und Frieda durfte von Anfang an auf das große Dreiersofa, das schon Senta gehört hatte. Auch auf meinem Sessel hat sie es sich gerne gemütlich gemacht. Auf meinen Schoß kommt sie heute oft, obwohl sie gar nicht mehr so richtig darauf passt. Als Welpe habe ich sie manchmal auf den Schoß genommen, aber am liebsten saß sie unter dem Sessel, und später daneben auf ihrem Vetbed. Auch neben dem Esstisch bekam sie ein kleineres Vetbed, um sich daran zu gewöhnen, ruhig neben dem Tisch zu sitzen.

Den Alltag strukturieren

„Ein geordneter, immer wiederkehrend gleicher Tagesablauf erleichtert es Ihrem neuen Familienmitglied enorm, sich bei Ihnen einzuleben. Fast alles ist einfach für ihn, wenn er sich »stur« nach Plan richten kann. Wenn jeder Tag in etwa gleich verläuft, hat ihr Welpe das Gefühl, dass Sie alles unter Kontrolle haben. Dadurch fühlt er sich bei Ihnen sicher, und das verstärkt die Bindung. Und ganz nebenbei: Auch für Sie ist es einfacher.“ (José Arce, Welpenbuch S. 64)

Ich hatte schon immer eine klare Struktur für meine Arbeitswoche und die einzelnen Tage, damit ich meine vielfältige Arbeit als Verlegerin schaffen, meine Mentoringkunden gut betreuen und auch meine eigenen Bücher schreiben kann. Als Frieda kam, habe ich diese Struktur noch verbessert und mehrmals verändert.

José Arce schreibt: *„Am besten strukturiert man den Tag, indem man ihn in vier Einheiten unterteilt:*

- *Der Welpe wacht auf und muss sofort raus, um sich zu lösen.*
- *Hat er sein Geschäft erledigt, unternehmen Sie etwas mit dem Welpen oder gehen mit ihm spazieren.*
- *Zurück zu Hause wird er gefüttert.*
- *Anschließend ist wieder Zeit zum Ausruhen und Schlafen – oder zum Lernen.*

Dieses »Programm« findet dreimal täglich statt: morgens, mittags und abends – anfangs je nach Alter des Welpen vielleicht auch öfter.“

An diese Regeln habe ich mich gehalten. Eine Freundin hatte mir berichtet, dass sie in der ersten Zeit mit ihrem Welpen den Wecker alle zwei Stunden gestellt hat. Das habe ich für mich abgelehnt, denn ich brauche meinen Schlaf. Später kamen Weckgeräusche von Frieda, teilweise mitten in der Nacht oder am ganz frühen Morgen. Ich ließ sie dann auf die Terrasse vor meinem Schlafzimmer.

Eine Zeitlang war ich morgens um 6 Uhr aufgestanden, hatte mich warm angezogen und bin mit ihr nach unten in den Vorgarten gegangen. Frieda fand das offenbar ganz vergnüglich, betrachtete die allerersten Fußgänger, die vorübergingen, beschnüffelte das Gras und legte sich gemütlich hin. Aber sie machte keinesfalls Pipi, so dass ich dann wieder nach oben fuhr und weiterschlief.

Tipps von Frauke

Wie der Mensch ist auch der Hund ein „Gewohnheitstier". Das kann dir im Alltag behilflich sein, aber auch lästig. Stehst du jeden Morgen um 7 Uhr auf und möchtest das jetzt mal einen Tag nicht, dann wird es schwierig sein, das deinem Hund zu erklären.

Ein strukturierter Alltag kann dir natürlich auch behilflich sein, wenn du Rituale immer wiederholst, z. B. der Hund muss erst Sitz machen, bevor er sein Fressen bekommt. Dann macht der Hund nachher schon von alleine Sitz, um sein Fressen zu bekommen und springt dich nicht an.

Rituale und Strukturen sind gut, sollten aber auch immer verschiebbar sein, z. B. im Urlaub oder wenn du krank bist, damit du dann auch mal davon abweichen kannst, ohne dass der Berner „Amok" läuft.

Stubenreinheit

„Wenn Sie seinem natürlichen Rhythmus folgen, wird der Welpe quasi von allein stubenrein." (José Arce)

Im Wohnzimmer lagen Unterlagen, auf die sie gerne machte, auch wenn die auf dem Vetbed lagen. Dass auch der Teppich nicht verschont blieb, schrieb ich schon weiter vorne. Den habe ich später ganz herausgenommen.

Praktisch war diese Lösung auch in den Zeiten, in denen Frieda nachts regelmäßig Durchfall hatte. So schnell wäre ich sicher nicht mit ihr im Aufzug nach draußen gelangt, und so gewöhnte sie sich an, auf der Unterlage auf ihrem Vetbed zu machen. Meist wurde ich dann vom Geruch wach und habe alles saubergemacht. Eine Zeitlang habe ich das Vetbed jeden Tag gewaschen. Da wir zwei davon haben, konnte ich sie immer wechseln.

Im Dezember 2022 fuhren wir für eine Nacht in ein Hotel (Frieda war da 5 Monate alt), im Zimmer legte ich das Vetbed unter den Tisch – aber meine Frieda benutzte das nicht, auch nicht die zusätzliche Unterlage im Vorzimmer. Wir gingen am Abend nochmal hinaus, und am nächsten Morgen recht früh, aber das Vetbed blieb trocken.

Irgendwann war all das vorbei und Frieda war stubenrein.

Früher bin ich noch am Abend um 22 Uhr mit ihr hinausgegangen, habe das manchmal vorverlegt auf 21 Uhr, während ich eigentlich einen Film anschaute. Bis ich beschlossen habe, nur noch zwischen 19.30 Uhr und 20 Uhr mit ihr hinauszugehen. Und das genügt inzwischen auch. Denn beim Schlafen hält die Blase sowieso länger „dicht".

Unsere Zeiten sind heute: Um 7 Uhr klingelt der Wecker, Frieda wird ausgiebig gekrault und geht dann auf die Terrasse (oder bleibt im Schlafzimmer, falls es regnet), um 8 Uhr Fahrt in den Wald zum Morgenspaziergang, um 9 Uhr sind wir zurück, dann gibt es Frühstück. Um 11.45 Uhr fahren wir wieder in den Wald, danach gibt es um 13 Uhr Mittagessen. Am Nachmittag meldet sie sich meist um 16.30 Uhr, um hinauszugehen: denn um 17 Uhr gibt es das Abendessen. Und dann gehen wir nur noch gegen 20 Uhr hinaus, danach gibt es noch einen Knabberartikel.

Und nun schreibt Frauke

Wie alle Hunde ist der Berner mit 8/9 Wochen noch nicht stubenrein. Viele Leute denken immer, sie bekommen den Berner und er ist gleich sauber. Leider nein. Das kann noch bis zu einem halben Jahr dauern. Die Berner sind es zwar bei mir gewöhnt, auf die Toilette zu gehen, bzw. nach draußen auf die Wiese, aber im neuen Zuhause ist alles wieder anders. Der Tagesablauf ist anders, die Gerüche sind anders und es gibt so viel Neues zu erleben. So vergisst der Welpe, dass er muss und dass das draußen gemachen werden soll.

Ich sage immer zu meinen Kunden, schaut, dass ihr schnell einen geregelten Tagesablauf hinbekommt, erstmal auf den Welpen abgestimmt, dann geht es ganz schnell. Ja, es kann immer sein, dass du in der Nacht noch mal aufstehen musst oder frühmorgens ganz schnell raus musst, aber im Grunde geht das bald vorbei.

Am besten machst du immer wieder das Bekannte. Ich habe meine Welpen immer alle nachts auf die gleiche Stelle geschickt, und da haben sie dann alle gleich gemacht, weil das für sie bekannt war. Später lernen sie auch, woanders ihr Geschäft zu machen. Immer eins nach dem anderen. Ist es draußen nicht mehr so spannend, dann kann der Welpe sich auch schneller lösen. Es gibt Welpen, die sagen Bescheid, wenn sie raus müssen, entweder durch Fiepen oder durch „an die Tür" gehen. Du musst versuchen zu lernen, deinen Hund zu „lesen", dann weißt du später schon, was der Hund möchte. Eigentlich auch wie beim Baby.

Du kannst natürlich auch mit einer Hunde-Toilette arbeiten oder mit einer Pipimatte. Das ist auch eine Möglichkeit, den Welpen stubenrein zu bekommen. Nach meiner Erfahrung sind die Rüden oft in der Sache etwas fauler und lassen schneller einfach mal so laufen.

Aber auch das bringt die Zeit, und auch die werden stubenrein. Der Wischer oder einfach ein altes Handtuch stand bzw. lag immer bereit bei mir.

Manche Welpenbesitzer schlafen erst im Wohnzimmer beim Welpen, damit er dann in der Nacht schnell nach draußen kann. Du kannst auch mit einer Kiste arbeiten. Der Welpe schläft quasi in einer Kiste und meldet sich dann, wenn er muss, denn er möchte ja nicht in sein Bettchen pinkeln. Mit der Zeit bekommen es die Welpen immer besser geregelt, den Schließmuskel zu schließen. Und auf einmal sind sie stubenrein, sagen entweder Bescheid, wenn sie raus müssen oder haben so einen guten Tagesrhythmus mit Fressen und spazieren gehen, dass alles super passt.

Alleinbleiben

Die festen Strukturen erleichterten uns auch, dass Frieda alleine zu Hause blieb. In den ersten Tagen hatte ich Conny gebeten, während meines Wocheneinkaufs bei Frieda zu bleiben. Sie berichtete, dass Frieda die ganze Zeit nur zur Wohnungstür geblickt hätte, ob ich wohl bald zurückkäme.

Ich überlegte mir, dass es unpraktisch wäre, jedes Mal, wenn ich irgendwohin wollte, Conny zu bitten, da zu sein. Denn das war ja nicht gesagt, dass das immer klappen würde. Also legte ich die Zeiten, in denen ich weg ging, einfach in Friedas Ruhezeiten. Noch heute gehe ich um 15 Uhr zum Wocheneinkauf und komme etwa um 16.30 Uhr zurück, natürlich mit einem leckeren Mitbringsel, das Frieda sofort in meinen Einkaufstaschen sucht. Während sie dann an dem Kauartikel knabbert, kann ich meine Einkäufe in Ruhe verstauen. Alle Termine lege ich so, dass unsere gewohnte Struktur eingehalten wird. Wenn es dann doch einmal länger dauert, z. B. bei einem Arztbesuch, dann ist das überhaupt kein Problem. Frieda weiß, dass ich irgendwann in absehbarer Zeit zurückkomme und ein Leckerli für sie bereithalte.

Als Frieda fast 1 ½ Jahre alt war, ging ich am Abend zum ersten Mal weg, Mein Konzertabo hatte ich bereits während der Coronazeit gekündigt, Konzerte schaute ich fortan über das Fernsehen gemeinsam mit Frieda. Die liebt insbesondere Schlagersendungen, dann liegt sie auf dem Sofa und wippt mit ihrem Schwanz im Takt der Musik oder tanzt auch mal mit mir. Erst vor zwei Monaten, an meinem Geburtstag, hatte ich mich um 18 Uhr mit Freunden in einem Restaurant verabredet, und kam erst kurz vor 23 Uhr zurück. Frieda freute sich unbändig, als ich wieder da war, ansonsten war in der Wohnung nichts passiert.

Und das meint Frauke dazu

Du findest immer wieder etwas, das du mit einem Welpen einüben musst. Ein Welpe kann nicht gleich alleine bleiben. Das musst du nach und nach aufbauen, wenn du das zu schnell machst, dann werden mal eben die Hausschuhe zerkleinert oder die Tapeten angefressen.

Meine Hunde waren nie alleine, sie sind immer mindestens zu zweit gewesen, und auch da explodierten auf einmal die Hundekissen, wenn Mama weg war, oder die Hausschuhe bekamen Beine.

Ein Berner ist ein Hütehund und hat gerne sein Rudel bei sich. Er bleibt nicht gerne allein ohne sein Rudel.

Daher musst du ihm von Anfang klar machen, dass er auch mal alleine bleiben muss, und wenn das nur der Gang zur Toilette ist und du die Tür hinter dir zu machst.

Spazierengehen

Dein Welpe möchte mit dir die Welt entdecken, er würde dich am liebsten überallhin begleiten. Was liegt also näher, als genau dieselben Wege zu gehen, die du mit deinem alten Hund immer gegangen bist? So dachte ich jedenfalls, als Frieda bei mir eingezogen war.

In der ersten Woche ging ich mit ihr durch den Vorgarten zu einer Wiese neben dem Nachbarhaus. Dort übten wir „Komm“: Ich ging ein Stückchen weg und dann rannte sie auf mich zu. Natürlich habe ich sie über den grünen Klee gelobt, wenn sie wieder bei mir war. Später ging ich mit ihr dann über den Bürgersteig dorthin.

Wir wohnen in einer ziemlich ruhigen Straße, aber die mündet in eine vielbefahrene Straße, die man überqueren muss, wenn man zur Promenade am Kanalufer will. Im Bereich der Fußgängerüberquerung mit Ampel war gerade eine Baustelle, und so ging ich einfach mit Frieda von unserer Straße aus über die vielbefahrene Straße. Über einen Zebrastreifen mit Ampel mussten wir trotzdem noch gehen. Das war vielleicht kein besonders guter Weg für den Anfang, sie hatte damit wohl einigen Stress und blieb immer wieder sitzen.

Vor unserer Haustür setzte sie sich stets erst einmal hin und schaute sich die Gegend an, bevor wir überhaupt losgehen konnten.

Denn ein Welpe muss erst einmal alles kennenlernen, was ihn außerhalb der Wohnung erwartet: Viele Menschen, die nicht immer freundlich sind, Autos, Fahrräder, Motorräder und auch viele andere Hunde.

Und so führte ich Frieda jeden Tag einige Male über die große Straße hin zum Kanalufer, wo ich sie auf einer großen Wiese laufen ließ. Wir übten weiter „Komm“ und sie traute sich bald, ihr Geschäft auf der Wiese zu machen und sogar drei Stufen hochzuklettern.

Der hübsche Welpe erregte die Aufmerksamkeit der vorübergehenden Menschen. Wir wurden oft angesprochen, und bald kamen immer dieselben Menschen mit ihren Hunden vorbei. So die ältere Dame am Rollator mit ihrem Pudel, die gar nicht verstehen konnte, dass Frieda sich noch nicht so wie Senta zu benehmen wusste. Ganz offenbar hatten sie und ihr Pudel von Anfang an Angst vor Frieda, und ich hatte Angst, dass sich unsere Leine in dem Rollator verwickeln könnte und ich dann stürzen würde. Ein junger Mann mit seinem jungen Hund kam oft vorbei, und die beiden Hunde spielten miteinander. Bis zu dem Tag, als sie spielend und tollend die Böschung zum Kanalufer hinunterliefen. Ich traute mich da nicht hinunter, aber der junge Mann konnte seinen Hund wieder einfangen und so kam Frieda auch wieder nach oben.

Dann begann Frieda zu schauen, wer da von allen Seiten vorbeikam – oben an der Straße schauten Leute hinunter, unten an der Promenade kamen viele Leute vorbei, zu Fuß, auf Fahrrädern oder mit Hunden.

Einmal stand eine Frau am anderen Ende der Wiese und telefonierte. Frieda machte prompt nicht ihr Geschäft, ein Verhalten, das sie lange beibehielt. Nur wenn unsere Nachbarin mit ihrem älteren Australian Shepherd dabei war, spielten die beiden vergnügt auf der Wiese, ohne auf die Passanten zu achten. Was aber nicht ganz ungefährlich war, weil die Fahrradfahrer oft im hohen Tempo vorbeirasten.

José Arce nennt den gemeinsamen Spaziergang „Quality-Time für die Mensch-Hund-Beziehung". Er sagt, dass ein Garten eigentlich überbewertet wird, da sich der Mensch ja dort nicht mit dem Hund beschäftigt. Denn der Welpe möchte doch die Welt seines Menschen entdecken und etwas mit ihm unternehmen.

Also zog ich mit Frieda auf all den Wegen los, die ich von Senta gewohnt war. Zunächst immer an der Promenade entlang, wo wir auf eine andere größere Wiese kamen. Auch hier durfte Frieda herumlaufen, aber es gab Passanten, die das störte. Auf der Promenade konnten wir bis in den Bamberger Hain gehen, das ist ein wundervoller Landschaftspark angrenzend an die Innenstadt. Hier ging ich mit Frieda auf meinen Lieblingswegen, die ich mit Senta immer gegangen war.

Mitte Oktober hatte ich eine private Hundetrainerin engagiert, nachdem ich keine passende Welpengruppe für Frieda finden konnte. Mit ihr verabredeten wir uns im Bamberger Hain, wo wir dann mit dem Auto hinfuhren. Von da an fuhr ich jeden Mittag mit Frieda in den

Hain, wir liefen zusammen mit der Leine, und auf einer bestimmten Wiese durfte sie frei laufen und ihr Geschäft dann im Gebüsch machen. Diese Wochen waren wundervoll, bis zum 2. Weihnachtstag, als sehr viele ältere Damen im Hain spazieren gingen und ich das Gefühl hatte, dass Frieda nun doch etwas zu wild war. Ich merkte zum ersten Mal sehr deutlich, dass ein „rasender" schwarzer Welpe anderen Menschen Angst machen konnte.

Am 11. Dezember 2022 fuhren wir für eine Übernachtung in ein Hotel im tief verschneiten Fichtelgebirge und machten tolle Spaziergänge im Schnee rund um den Fichtelsee. Inzwischen konnte Frieda schon ganz gut an der Leine laufen, war aber auch übermütig, wenn ich sie losließ. Doch dazu später.

Kurz vor Weihnachten hatte ich Frieda mal zu meiner Steuerberaterin mitgenommen, die außerhalb von Bamberg wohnt. Dorthin fuhren wir durch ein riesiges Waldgebiet, den Hauptsmoorwald, in dem ich immer mal mit Senta spazieren gehen wollte. Aber die mochte ja nicht gerne Auto fahren, insofern waren wir dort nie gewesen. Ich erinnere mich noch genau an den frostigen Vormittag, als wir das erste Mal „verzaubert“ dort durch Wald gingen.

Und nun erzählt Frauke

Ich kann mich immer wieder daran erinnern, was mir meine Welpenkunden berichtet haben: Wenn sie mit dem Kleinen spazieren gehen wollten, wollte er nicht mitlaufen. Kein Locken, keine Leckerlis halfen. Sie haben ihn dann einfach die ersten Meter getragen und dann ging es. Auch das musst du trainieren, an der Leine laufen kann kein Welpe von Anfang an, viele blockieren und gehen bei Druck gar nicht.

Ich bin Züchterin und keine Trainerin, aber natürlich habe ich immer mal einen kleinen Tipp, wie du in verschiedenen Situationen mit deinem Welpen umgehen kannst. Ein Welpe kann nicht gleich 2 Stunden spazieren gehen. Du musst es langsam steigern.

Du fängst bei 5 Minuten an und steigerst das Ganze von Mal zu Mal. Immer besser lernt der Welpe seine Umgebung kennen. Der Welpe braucht auch keine großartigen neuen Wege, am besten gehst du am Anfang immer den gleichen Weg, dann arbeitest du dich vom Bekannten zum Unbekannten vor. Ist der Weg jeden Tag neu und dein Welpe hat zu viel zum Kennenlernen, dann kann es sein, dass er vergisst, sein

Geschäft zu machen, weil alles so aufregend ist. Oft passiert es, dass er doch noch schnell im bekannten Garten sein Geschäft macht, weil er erst da zur Ruhe kommt und ihm einfällt, dass er ja muss.

Wird der Berner älter, bekommt er mehr Kraft und vergisst manchmal, dass er viel Kraft hat und Herrchen oder Frauchen noch hinten an der Leine hängt. Das passiert leider schnell, ist aber nie böse gemeint vom Berner. Meistens schaut er ganz verdutzt, wenn du auf einmal auf dem Boden neben ihm liegst. Klar, daran kannst du arbeiten …

Ernährung

Vorweg möchte ich anmerken, dass ich hier keine Futterempfehlungen für dich und deinen Hund geben kann und möchte. Denn jeder Hund braucht genau wie jeder Mensch seine individuelle Ernährung. Ich beschreibe einfach nur, wie ich es mit Frieda mache. Und ich weiß, dass wir bereits in der Welpengruppe nach einigen Wochen völlig verschiedene Futterkonzepte hatten – obwohl doch alle Hunde dieselbe Herkunft haben.

In der WhatsApp-Gruppe gab Frauke uns einige Tipps zum Futter, das sie den Welpen gegeben hatte: 150 g Dose morgens mit Trockenfutter, mittags 200 g Hack mit Reis, Nudeln, Hüttenkäse und abends 200 g Frischfleisch und nachts nochmal einen Hühnerhals oder Dörrfleisch.

Außerdem bot sie uns Futterpakete und ein Knabberpaket an, dazu gehörte auch das Vetbed in 100 x 80 cm. So bekam Frieda zunächst das Welpenfutter, das in dem Starterpaket drin war. Das Futter- und das Knabberpaket waren toll zusammengestellt, und das Vetbed war auch klasse – es wurde schon gleich ein Lieblingsplatz. Die Welpensticks und die Kopfplatte waren Knabbersachen, die ich bisher nicht kannte, Frieda aber von Beginn an liebte.

Und dann machte ich das, was du sicherlich auch machen wirst, wenn du schon mal einen Hund gehabt hast: Du gibst deinem Hund das Futter, mit dem du bisher gute Erfahrungen gemacht hast bei deinem alten Hund. Senta hatte seit vielen Jahren das Futter von Naturavetal bekommen. Diese Firma bietet eine informative Broschüre „Ein Welpe zieht ein" – du kannst sie kostenlos bestellen oder auch auf der Website downloaden. Außerdem bietet Naturavetal eine hervorragende telefonische Beratung an.

Unter dem Stichwort „Welpenratgeber" findest du nützliche Tipps zum Umgang mit deinem neuen Familienmitglied. Hier erfährst du auch, wie du einen jungen Hund auf eine andere Futtermethode umgewöhnen kannst.

Naturavetal bietet Trockenfutter und auch Nassfutter – jeweils als Alleinfuttermittel – für Welpen und Junghunde an und empfiehlt, dieses Futter bis zum 12. Lebensmonat zu füttern. Danach kannst du auf das normale Futter umstellen. Das kaltgepresste Trockenfutter (Geflügel oder Lachs) wird mit kleineren oder größeren Pellets angeboten, je nach Größe des Hundes. Das Nassfutter gibt es als getreidefreies Komplett-Menu mit viel Fleisch (Rind, Lamm oder Ziege) sowie Gemüse und Moor. Es gibt auch Reinfleischdosen und -rollen zum Barfen, Fischmahlzeiten, sowie ein großes Angebot an Ergänzungsfutter, Kausnacks, Leckerlis und Hundekeksen.

In den ersten Wochen fraß Frieda morgens entweder Trockenfutter oder etwas aus der Dose – ich gab ihr bald nur noch eins, und das fraß sie nie auf – abends war es dann umgekehrt. Der Höhepunkt des Tages war das Mittagessen mit ca. 200 g Hack mit geriebenem Apfel oder Möhre und Hüttenkäse – zum Schluss leckte sie noch den Napf sauber.

Unser Tierarzt warnte mich dann vor zu viel Rinderhack – es solle höchstens 20 % der gesamten Tagesration sein. Bei zu viel Hackfleisch kommt es zu einer Unterversorgung an Calcium mit gleichzeitiger Überversorgung an Phosphor, sagte er. Dadurch war ich etwas verunsichert – sie bekam auch ziemlich viele Knabbersachen, damit sie sich das Beißen abgewöhnte. Und zu dünn wäre sie auch nicht, meinte der Tierarzt. Sie wog mit 12 Wochen 11,5 kg. Ich solle immer den unteren Wert der Fertignahrung nehmen.

Ich gab ihr dann kein Hackfleisch mehr. Morgens bekam sie die empfohlene Menge Trockenfutter (frisst sie bis heute kaum), am Vormittag ein Schälchen Joghurt, mittags und abends eine Portion Welpen-Komplett-Menu, dazu Hüttenkäse und ein halber geriebener

Apfel, außerdem … viele Leckerli und Kauartikel. Bis heute bekommt Frieda drei Mahlzeiten am Tag, nur den Joghurt am Vormittag mochte sie irgendwann nicht mehr. Seit längerer Zeit bekommt sie am Abend eine Mahlzeit Hühnchen mit Reis, das ich selbst koche: einfach Hähnchenbrustfilets (ca. 1.200 g) und 500 g Reis ohne irgendwelche Gewürze kochen – pro Mahlzeit sind das etwa 200 g Fleisch und 85 g Reis.

Das Trockenfutter lasse ich vormittags stehen, da sie zwischendurch mal etwas davon nimmt. Das Nassfutter ist meist nach jeder Mahlzeit aufgefressen, Reste nehme ich sofort weg. In der Wohnung und auf den Terrassen stehen Näpfe mit frischem Wasser, aber Essbares liegt nicht herum, außer bisweilen einem aktuellen Kauknochen.

Im Sommer fülle ich gerne Joghurt in einen Kong und friere das ein – das ist dann ein leckeres und erfrischendes Hunde-Eis.

Frieda ist bis heute schön schlank und hat noch keinerlei Probleme mit den Gelenken gehabt. Dazu tragen sicher auch unsere ausgedehnten Waldspaziergänge (zweimal täglich) bei – sowie die immer noch recht umfangreichen Ruhezeiten.

Zeitweise hatten wir Probleme mit Durchfall, dann empfiehlt sich Hühnchen mit Reis als Schonkost. Der Tierarzt gibt eine Paste zur Unterstützung der natürlichen Darmflora. Und als bewährtes Hausrezept gilt die Morosche Karottensuppe: 500 g Karotten schälen und etwa 2 Stunden im Wasser köcheln lassen. Dann pürieren und die Suppe mit abgekochtem Wasser auffüllen, Salz dazu geben. Ich habe oft einen großen Topf Suppe gekocht und in kleinen Portionen eingefroren. Seit die Durchfälle nur noch selten vorkommen, habe ich einige Dosen mit Moroscher Karottensuppe im Vorratsschrank.

Übrigens empfiehlt es sich auch, ein Glas Sauerkraut vorrätig zu haben – wenn der Hund mal etwas Falsches gefressen hat, ist das gut zur ersten Hilfe.

Und dazu schreibt Frauke

Ein ganz wichtiges Thema, zu dem es viele verschiedene Antworten gibt: Was frisst der Hund, was darf er, was darf er nicht?

Wie beim Kleinkind gibt es verschiedene Dinge, die ein Berner nicht fressen darf bzw. noch nicht fressen sollte.

Du solltest dich vorher erkundigen, am besten bei der Züchterin, was bekommen die Welpen, wenn sie zu dir nach Hause kommen?

Da der Magen sich umstellen muss, solltest du erstmal das vertraute Futter füttern und später langsam umstellen. Leider gibt es immer mehr Unverträglichkeiten beim Hund oder auch Allergien.

Die Futterumstellung und der Umzug bedeuten viel Stress für den Welpen. Stress geht auf den Magen und fördert meistens Durchfall bei den Kleinen. Natürlich kannst du das gut mit Flohsamen oder Moroscher Suppe wieder in den Griff bekommen, aber schöner ist es ohne Durchfall.

Ich achte bei der Ernährung der Welpen immer darauf, dass der Magen schon viele unterschiedliche Sachen kennengelernt hat.

Wir füttern Feuchtfutter aus der Dose, Trockenfutter, aber auch Frischfleisch, sowie Reis, Kartoffeln, rohes Hackfleisch, Nudeln und Fetakäse.

Als Leckerei gibt es auch mal Dörrfleisch, getrocknete Hühner- oder Entenhälse, getrocknete Lunge usw.

Ich schreibe den neuen Welpenbesitzern immer auf, was die Welpen aktuell bekommen, damit sie dann schauen können, was sie füttern möchten.

Nicht jeder möchte seinem Hund Frischfleisch geben und das ist völlig in Ordnung. Ein Hund kann auch nur mit Trockenfutter zurechtkommen.

Es gibt auch Kunden, die kochen für ihre Hunde, finde ich klasse, aber ist jetzt nicht so meins.

Da ich sehr vielfältig füttere, denke ich, ist für jeden etwas dabei, was man gut weiter füttern kann. Wenn ich die Hunde abgebe, dann werden diese 3-mal am Tag gefüttert. Ich empfehle immer, dieses noch ein halbes Jahr weiterzumachen und dann auf 2-mal am Tag umzustellen.

Eine gute Faustregel ist es, dass du die Rippen beim Hund spüren solltest, wenn du den Hund streichelst. Ein Berner wächst im ersten Jahr in die Höhe und im zweiten Jahr in die Breite.

Du solltest den Berner am Anfang, also im ersten Jahr, schlank halten, weil sonst das alles zu sehr auf die Knochen geht.

Ruheinseln

Schon vor Friedas Ankunft habe ich überlegt, wo ihr Körbchen stehen soll. Das große Hundebett steht in meinem geräumigen Schlafzimmer, aber für die kleine Frieda reichte erst einmal ein kleines kuscheliges Welpenbett. Das stellte ich neben mein Bett. Als es zu klein wurde, schlief Frieda ab und zu in dem großen Bett, aber sie sucht sich ihre Ruheinseln selbst aus und schläft am liebsten auf dem Fußboden.

Im Wohnzimmer liegt das Vetbed neben meinem Sessel, an der Stelle, die sich Senta damals beim Einzug in unsere Wohnung ausgesucht hatte: Strategisch gut, denn von dort kann der Hund die ganze Diele überblicken. Sie darf auch auf dem Dreiersofa liegen – ich habe Ledersofas, brauche selbst nur meinen Sessel und einen Hocker, das Zweiersofa ist meist frei, und das Dreiersofa gehört dem Hund. Aber wenn ich mal fernsehe, mag sie – abgesehen von einigen Musiksendungen – lieber ihre Ruhe haben und sucht sich andere Plätze. Gerne liegt sie am Abend neben meinem Sessel oder dahinter.

Frieda entdeckte mehrere Ruheorte: In meiner langgestreckten Wohnung sind die gegenüberliegenden Eingänge zum Treppenhaus und zum Aufzug in der Mitte der Diele – dort schläft sie bis heute gerne, gleichzeitig hat sie natürlich im Blick, wer kommt und geht. Am liebsten mochte sie von Anfang an unter meinem großen Schreibtisch liegen, das ist auch heute noch ihr Lieblingsplatz, direkt neben meinem Stuhl. Manchmal liegt sie auch quer im Büro – mit ihrer enormen Länge füllt sie das inzwischen gut aus. Am Abend geht sie gerne ins Schlafzimmer, benutzt aber eigentlich fast nie das große Hundebett.

Als Welpe hat Frieda gerne unter bzw. hinter den bodenlangen Gardinen der zahlreichen Terrassentüren geschlafen. Heute hat sie einen Lieblingsplatz im Schlafzimmer, am Fußende meines Bettes. Dorthin verschwindet sie, wenn ich für ihren Geschmack zu lange auf bin. Ich habe immer die Tür zum Schlafzimmer offen, Wohn- und Esszimmer sowie die Küche sind offen zur Diele. Irgendwo hat Frieda sich immer ihren Schlafplatz gesucht, bis sie am frühen Morgen an mein Bett kommt, um mich zu wecken.

Die Hundetrainerin Sarah Both schrieb in einem Newsletter: „*Ein ausgewachsener Hund ruht optimalerweise zwischen 18-20 Stunden am Tag. Ein Welpe sowie ein alter oder kranker Hund kann sogar noch mehr schlafen. Diese 20 Stunden sind natürlich keine kompletten Schlafphasen, sondern darin einbezogen ist auch das Dösen im Körbchen, während wir Menschen einen spannenden Film anschauen. Es bleiben also 4-6 Stunden für Spazierengehen, Fressen, Spielen und Schmusen. … wer von uns hat einen Hund, der von sich aus »die Tür hinter sich schließt« und uns ein »Mir wird es zu viel, ich gehe mal schlafen« zuruft?! An diejenigen, die so einen Hund haben, der ohne Entspannungstraining so handelt … Ihr Glücklichen!*“

Frieda macht das! Die verschwindet einfach im Schlafzimmer und schläft.

Frieda durfte von Anfang an nicht in mein Bett. In der Ferienwohnung auf Fehmarn allerdings gab es ein breites Boxspringbett und die linke Seite war frei – da ging sie in der Nacht drauf, ohne dass ich es merkte. Seit ich eigene Bettwäsche dabei habe, ist das für mich kein Problem mehr. Im Hotel ließ ich mir eine Tagesdecke geben, die ich über beide Betten legte – da ist sie nicht hinein gegangen.

Zu Hause schläft sie irgendwo in der Wohnung, kommt in der Nacht auch mal in ihr Bett im Schlafzimmer, versucht aber nicht mehr wie früher, mich zu wecken oder zu stören.

Eine Zeitlang machte ich die Schlafzimmertür gegen Morgen immer zu und erst wieder auf, wenn mein Wecker geklingelt hatte. Dann kam sie zum Schmusen. Und dann irgendwann machte ich die Schlafzimmertür nicht mehr zu, konnte gut schlafen, und Frieda kam genau um 7 Uhr zu mir ans Bett.

Und hier Fraukes Tipps

Ganz wichtig ist es, dass der Hund lernt, auch einmal zur Ruhe zu kommen. Da gibt es verschiedene Ideen und Möglichkeiten, wie man das machen kann.

In einem Rudel wird das ganz schnell geregelt und ich habe mich da eigentlich nie drum kümmern müssen. Wenn ich ins Büro ging und alle Hunde sich zum Schlafen in die Körbe legten, dann machten die Welpen das einfach nach.

Nicht jeder hat schon einen Hund, von dem der Welpe lernen kann. Also musst du als Menschenmama deinem Welpen erklären, dass jetzt auch mal schlafen angesagt ist. Auch ein Welpe kann, wie ein Kind, „über die Uhr" kommen/drehen.

Bei uns war Ruhe im Haus, im Büro und im Auto. Da wurde sich in die Körbe gelegt und dann wurde geschlafen.

Eine Ruheinsel kann auch eine Kiste/Box sein oder ein Welpenauslauf. Auch da gibt es viele Möglichkeiten, wichtig ist nur, das mit Ruhe und Konsequenz durchzusetzen. Der Welpe stellt diese Geschichte immer wieder gerne in Frage. Das Rudel würde ihn ignorieren bzw. ermahnen, wenn er nervt, und so machst du das als Hundemama auch.

Regeln lernen

Aus falsch verstandener Liebe verhalten sich Welpenbesitzer oft so, dass der Hund sich nicht wohlfühlt, weil er z. B. ständig alles machen darf, was er will. Wenn es keine festen Regeln gibt und du ihm alles nachsiehst, fühlt er sich eher verunsichert als geliebt. Hunde brauchen daher feste Strukturen und Regeln, um sich orientieren zu können. Sein Mensch sollte ein guter Chef sein, der für Ruhe sorgt und ein Umfeld schafft, in dem sich der Hund sicher fühlt.

Eine Regel gibt es von Anfang an bei uns: Frieda darf nicht ins Gäste-WC und ins Badezimmer. Beide Räume sind ja durch Türen verschlossen, aber natürlich gelingt es Frieda immer mal wieder, ins Badezimmer zu huschen und einen Socken zu klauen. Denn meine getragene Wäsche liegt meist vor der Badewanne. Ab und zu vergesse ich auch, die Tür zu schließen. Wenn Frieda dann hereinkommt, sage ich einfach: „Warte draußen" – und sie geht zurück in die Diele und schaut von draußen ins Bad hinein.

Monatelang war es ihr ein großes Vergnügen, neben mir zu hüpfen, einen Socken oder ein Unterhemd aus dem Wäscheberg zu schnappen und damit wegzulaufen, wenn ich die Wäsche vom Badezimmer durch die lange Diele bis in die Küche zur Waschmaschine brachte. Und dann spielten wir „Tauschen" – sie lag unter dem Flügel, wo ich nicht so schnell hinkam, und erwartete ein Leckerli, um mit mir den Gegenstand zu tauschen. Das habe ich irgendwann durch eine einfache Übung (sitz! – bleib!) abgestellt, sie sitzt jetzt vor der Badezimmertür und bleibt dort, bis ich in der Küche angekommen bin. Und dann darf sie kommen und bekommt ein Leckerli.

Die Tür zum Büro ist meistens offen, zuerst wollte ich eine Kindersicherung einbauen, aber das stellte sich als unpraktisch heraus. So nehme ich eine kleine Trittleiter und lege sie quer vor die Türöffnung. Als Anstreicher da waren und die gesamte Wohnung abgedeckt wurde, konnte Frieda im Büro bleiben, sehen, was die Anstreicher machten, aber nicht „mitarbeiten". Genauso machen wir es, wenn unsere Putzfrauen da sind, denen Frieda allzu gerne die Putzlappen stibitzt.

Eine andere Regel, mich nicht beim Essen zu stören, üben wir immer wieder. Zwar hatte ich lange Zeit ein kleines Vetbed neben den Esstisch gelegt, aber es war schwierig, sie daran zu gewöhnen. Das Vetbed war dann so zerknabbert, dass ich es wegwarf. Heute bekommt Frieda eine kleine Kaustange, oft eine zweite, und irgendwann legt sie sich wieder ruhig hin. Je nachdem, was auf meinem Teller ist: Wenn es etwas ist, was gut duftet, hat sie sich früher auch schon auf ihre Hinterbeine gestellt und etwas vom Teller stibitzt oder den Teller abgeleckt. Das hat sich dann irgendwann von selbst gegeben.

Ich hatte auch schon mehrfach ein befreundetes Ehepaar zum Abendessen eingeladen, und Frieda benahm sich mustergültig. Ein „Highlight", über das wir heute noch lachen, war meine Einladung zum Fondue Bourguignonne. Am Nachmittag des 4. Advents 2022, Frieda war gerade 5 Monate alt, ging mir erst auf, was ich mir da „eingebrockt" hatte. Aber wir haben eine Sitzordnung gefunden und einen

Platz für Frieda am anderen Ende des Esstisches, so dass wir unser Fondue in aller Ruhe genießen konnten – obwohl die Schale mit den Rinderfiletstücken auf dem Tisch stand. Diese Freunde sind allerdings auch besonders geschickt im Umgang mit Frieda.

Eine Regel, die eine Hundetrainerin vorgeschlagen hatte, habe ich nach kurzer Übezeit nicht eingeführt: Ich habe eine offene Küche mit Kochinsel, und die Trainerin wollte erreichen, dass es dort eine unsichtbare Grenze gab, die Frieda nicht überschreiten sollte. Das stellte sich im Alltag als unpraktikabel heraus. Frieda darf in die Küche, allerdings bleibt sie draußen, wenn ich z. B. etwas Heißes auf dem Herd habe oder Fleisch schneide. Auch da habe ich zeitweise eine kleine Trittleiter quergestellt, aber inzwischen hört Frieda darauf, dass sie einfach draußen bleiben soll. Wenn ich z. B. Hühnchen mit Reis für sie koche, kann sie es kaum abwarten, bis sie das fressen darf. Aber im Laufe der Zeit hat sie gelernt, geduldig zu warten. Die „unsichtbare" Grenze gibt es also heute, aber ich habe keine Zeit und Mühe dafür aufgewendet, um den Welpen entsprechend zu dressieren.

Alle Regeln, die heute bei uns gelten, haben sich im Laufe der Zeit herausgebildet, so wie unser Alltag das erforderte.

Fraukes Tipps zu den Regeln

In den ersten Tagen denken viele Welpen bestimmt, dass sie „Nein" heißen, da das Wort „Nein" meist öfter gerufen wird als der Hundename.

Aber so ist es, du musst dir überlegen, was darf der Welpe und was nicht. Und da müssen alle Familienmitglieder an einem Strang ziehen. Wenn du alleine bist, musst du dir das nur alleine überlegen. Regeln bestimmen das ganze Leben beim Menschen, so auch beim Welpen. Ohne Regeln geht es nicht im Leben. Ok, manche sehen das alles sehr *laissez faire*, aber ich finde, ein Welpe braucht eine klare Linie, er muss wissen, was darf ich und was nicht.

Und nicht mal ja und mal nein oder ach, ich weiß ja nicht.

Ein Welpe wird immer wieder mal nachfragen, ob er vielleicht heute die Regel, z. B. ich darf nicht aufs Sofa, brechen darf. Also musst du konsequent an der Regel festhalten, damit es bald zur Gewohnheit wird, dass er nicht aufs Sofa darf.

Ein Berner wird immer wieder alles in Frage stellen und versuchen, seinen Kopf durchzusetzen. Und es ist soooo schwer, diesen niedlichen Wollknäueln etwas zu verbieten. Mit den schwarzen Knopfaugen können sie sooo süß schauen.

Spielen

Eigentlich hat Frieda sich gerne selbst beschäftigt, manchmal auch mit Dingen, die nicht dafür gedacht waren. Neben den Bällchen, Kauseilen und Stofftieren, die sie hatte, suchte sie sich in der Wohnung allerhand Sachen, mit denen sie „spielte": kleine Bilder und Figuren auf den halbhohen Regalen, mein Abreißkalender auf dem Esstisch, und vor allem Bücher. In meiner langen Diele wie auch im Wohn- und im Schlafzimmer gibt es mehrere Bücherregale, und es war für Frieda offenbar ein riesiger Spaß, einzelne Bücher aus den Regalen zu ziehen und zu zerfleddern. Viele Bücher habe ich dann gleich weggeworfen, da Frieda eine Begabung für „seltene" Exemplare hatte, von denen ich gar nicht wusste, dass es sie gab.

Am Anfang habe ich immer geschimpft, aber das wirkte nicht. Ich habe auch eine Übung mit ihr gemacht, die mir eine Hundetrainerin gezeigt hat, damit sie versteht, dass das Buch mir gehört und sie das nicht nehmen darf. Das war eine Übung ohne langandauernde Wirkung. Denn sie weiß es ja ganz genau, dass sie das Buch nicht nehmen darf. Ich glaube einfach, dass Frieda meine Aufmerksamkeit erregen wollte, meist wenn ich unvorhergesehen weg war. Denn bei längeren Abwesenheiten passierte eigentlich nichts. Neulich ging ich nur noch einmal ganz kurz zum Briefkasten, nachdem wir vom Spaziergang nach Hause gekommen waren. Das war „unplanmäßig", und sie hat in den wenigen Minuten ein Buch zerfleddert.

Ich habe dann wichtige Bücher in mein Büro geräumt, wo ich die Tür schließen kann, wenn ich weg bin, und wo Frieda auch nicht an die höher gelegenen Regalfächer kommt. Sie käme schon heran, aber sie ist es einfach nicht gewohnt. Die Regale in der Diele habe ich einige Monate lang mit Luftpolsterfolie abgedeckt. Nachdem einzelne Ordner aus den unteren Regalfächern herausgezogen und angeknabbert waren, brachte ich alles Wichtige in den Keller und stellte dafür Ordner mit alten privaten Rechnungen ein. So habe ich auch die Regale im Wohnzimmer umorganisiert.

Und irgendwann war der Spuk dann vorbei. Ich nahm die Folien wieder von den Regalen ab, doch es gab noch ein paar „Rückfälle“: Einmal sah ich durch das Wohnzimmerfenster merkwürdige weiße Flecken auf der Terrasse. Frieda hatte einen kleinen Ringbuchordner mit Rezepten in der Küche entdeckt und die einzelnen Blätter auf der ganzen Terrasse verteilt! Sie waren aber nicht zerrissen, so dass ich sie wieder einheften konnte.

All das läuft bei mir unter „Spielen“ oder „Verspieltheit“. Meine Wohnung mit den offenen Regalen ist für Frieda ein wahres Paradies zum Spielen: einige kleinere alte Stofftiere durfte sie haben, einige mir wertvolle Erinnerungsstücke verschwanden einfach im Schrank.

Zerstörungswut? – Welpensichere Wohnung (Fortsetzung)

So wurde meine Wohnung nach und nach immer welpensicherer. „Zerstörungswut“ ist eigentlich ein zu starker negativer Ausdruck. Besser trifft „Verspieltheit, Neugier, Stibitzen“ zu. Eigentlich gibt es eine ganz einfache Regel: Alles, was herumliegt, reizt den Welpen, damit zu spielen. In der ersten Woche, als Frieda unter meinem Schreibtisch lag, war plötzlich das Internet weg. Sie hatte aus Langeweile das Kabel durchgebissen. Also habe ich Kabelhüllen gekauft und alle Elektrokabel damit gesichert. Auch der Gartenschlauch auf der Terrasse musste bald verschwinden.

Wichtig ist, darauf zu achten, dass nirgendwo kleinere Gegenstände herumliegen. So hatte ich den Couchtisch schon weitgehend leergeräumt, weil Frieda schnell größer wurde und an alles herankam. Aber ich hatte nicht bedacht, dass mein Nachttisch auch so niedrig wie der Couchtisch war. Es war ein Sonntagmorgen, als ich von einem eigentümlichen Geräusch wach wurde. Frieda kaute seelenruhig auf meiner guten Brille herum, die sie vom Nachttisch geholt hatte. Das iPhone hatte sie aber wohl nicht interessiert. Ich lag völlig erschrocken eine halbe Stunde regungslos mit der Brille und dem Handy unter der Bettdecke – war doch die fast neue Brille mindestens so teuer gewesen wie der ganze Hund! Fortan gab es außer einem Wasserglas nichts mehr auf dem Nachttisch.

Als Frieda die bleibenden Zähne bekam, kaute sie überall herum, daran änderte auch der Kauknochen aus Olivenholz nichts – im Halbschlaf hat sie dann einige Fußleisten angeknabbert. Übrigens: Schimpfen hilft beim Welpen nichts. Ab und zu zeigte ich mich traurig, wenn ein schönes Buch kaputt war. Aber am besten ist es, möglichst wenig zu schimpfen und Frieda zu zeigen, dass ich das nicht gut finde. Irgendwann hat sie tatsächlich mit fast allen Unarten aufgehört.

Auch draußen ist Frieda sehr verspielt – wenn ich die Leine losmache, dann spielt sie oft ein Zerrspiel mit mir, bis sie dann losläuft. Wenn wir Menschen treffen, möchte sie mit ihnen spielen, deshalb hüpft sie manchmal auf sie zu, wenn wir vorbeigehen. Sie findet eine Kastanie im Schnee, oder ein Stöckchen, oder etwas anderes auf der Straße und im Wald – sie findet wirklich alles, was dort herumliegt, auch Mützen und Handschuhe, aber vor allem Tempotücher. Einmal hat sie mir einen Handschuh stibitzt und im Schnee vergraben, aber als ich dann weiterging, hat sie ihn wieder ausgebuddelt und mir gebracht.

Sie ist sehr neugierig – sobald irgendwo etwas Neues herumliegt, versucht sie schon, es zu holen. Gerne stibitzt sie Geschirrtücher oder Topfschwämmchen aus der Küche, aber sie hat noch keins gefressen. Oder sie holt Altpapier aus der Tüte im Büro. Am liebsten stibitzt sie die Tintenroller von meinem Schreibtisch – die „knackt" sie dann und die Tinte läuft heraus. Einmal hatte sie rote Pfoten …

Irgendwann hatte sie das CD-Regal entdeckt. Da mir eine CD gefährlicher erscheint als ein Buch, wegen der Plastikhülle und der Metallscheibe, habe ich die unteren Fächer der CD-Regale leergeräumt. Als nächstes hat sie eins der kleinen losen Regalbretter herausgeholt – zum Knabbern. Und danach, als die Regalbretter weg waren, hat sie wohl zu kräftig gezogen am nächsthöheren Regalfach, und alles kam heraus – CDs und Regalbrettchen. Da hat sie wohl einen Schreck bekommen, denn das hat sie dann nicht mehr wieder gemacht.

Wenn ich denke, nun hat sie alles durch – findet sie immer wieder etwas Neues. Eines Morgens sah ich etwas auf der Terrasse liegen – es waren zwei vereiste CD-Packs, die über Nacht dort geblieben waren, und ein Tintenroller mit abgebissener Spitze. Dann war es ein Teil von der Zitronenpresse, die zum Trocknen in der Küche lag. Aber die Pfanne mit fertigem Essen, die zum Abkühlen auf dem Herd steht, hat sie noch nie angerührt.

Es war immer unterhaltsam, wenn ich mich zum Spazierengehen anziehen wollte. Den Schal ließ sie irgendwann in Ruhe, und sie setzte sich auch brav hin, wenn ich ihn umband. Aber wenn ich meinen Mantel anziehen wollte, sprang sie um mich herum – bis ich gemerkt habe, warum: Sie stibitzte den Handschuh aus der linken Manteltasche und lag dann fröhlich unter dem Flügel. Nun überlistete ich sie – ein paar Leckerli werfen zum Suchen bringt immer etwas Ruhe. Und wenn sie dann endlich angezogen war – Geschirr, Leine und Halsband, und immer noch unruhig, während wir auf den Aufzug warteten, dann ließ ich sie hinsetzen, machte die Aufzugtür wieder zu und sagte: „Ich habe Zeit."

Inzwischen legen wir das Geschirr in der Küche an, wo ich ganz besondere Leckerli heraushole. Dann kommt sie auf meinen Ruf „hierher" meistens zur Wohnungstür, wo ich die Leine und das Halsband anlege. Wenn sie mal wieder unter dem Esstisch liegt und nicht kommen will, sage ich einfach: „Tschüss Frieda, dann fahre ich alleine los" und drücke den Knopf für den Aufzug. Das bewirkt immer, dass sie zu mir kommt, ganz ruhig ist, und dann können wir starten. All das sind Rituale, die sich im Laufe der Zeit immer wieder mal ändern.

Eigentlich macht Frieda nichts mit Absicht kaputt. Sie will mich wohl eher provozieren – wenn sie bei meinem Mittagessen ihr Kaustück aufgekaut hat und dann Langeweile hat, holt sie ein Geschirrtuch aus der Küche. Sie weiß, dann stehe ich auf und hole es zurück.

Inzwischen kann sie auch alleine im Büro bleiben, ohne den Schreibtisch „aufzuräumen". Ganz am Anfang war ich mal kurz draußen gewesen, und als ich zurückkam, erschallte laute Musik in der Wohnung! Frieda war mit ihren Pfötchen auf dem Schreibtisch gewesen und hatte dabei das Musikprogramm am Computer in Gang gesetzt. Zukünftig machte ich dann immer die Bürotür zu, wenn ich wegging.

Nun erzählt Frauke

Ich war fünf Minuten aus dem Haus und zack, war das Kissen explodiert. Irgendwann habe ich im Hundekeller keine Kissen mehr ausgelegt, weil das teilweise so schnell ging mit dem Explodieren, dass es mit der Zeit einfach zu teuer wurde. Ansonsten hat, glaube ich, jeder Hund mal bei mir etwas kaputt gemacht. Zwar habe ich bei der Anzahl der Hunde ziemlich wenig kaputte Dinge vermerken können, aber ich habe mir auch schnell angewöhnt, Dinge hochzulegen und nicht so liegen zu lassen, dass die Hunde drankommen.

Es gibt Hundebesitzer, die lassen dem Hund immer etwas, was er kaputt machen kann. Man kann natürlich auch konsequent alles weglegen oder gleich mit einem Nein gegensteuern. Das ist zwar anstrengend, aber auf Dauer lernen die Welpen gleich ihre Grenzen. Ich erinnere mich, wie Beate mir erzählt hat, dass Frieda am Anfang ihre Bücher aus dem Regal geholt hat und sie dann die Regale mit Folie „zugeklebt" hat, damit Frieda nicht alle Bücher zerstört.

Du kannst als Ausgleich auch super gut dem Welpen ein Hirschgeweih oder eine Kopfhautplatte geben, denn er zerstört ja meist erst etwas, wenn du aus dem Haus gehst. So nagt er eher an diesen Dingen, als dass er die Schuhe klaut, die Bücher aus dem Regal holt oder etwas anderes kaputt macht, wie zum Beispiel Kissen explodieren lassen.

Das hört zum Glück mit dem Alter auf und dem Zahnwechsel.

Spitze Welpenzähnchen

Das Thema habe ich schon im letzten Abschnitt angesprochen: Als Frieda ihre bleibenden Zähne bekam, nagte sie überall, vor allem an den hölzernen Fußleisten. Nicht aber an Stuhl- und Tischbeinen oder Regalen in der Wohnung. Allerdings hatten zwei Stühle und der Tisch auf der Terrasse angeknabberte Füße.

Woran ich mich noch bei Senta erinnerte, waren die spitzen Welpenzähnchen. Damals wurde wirklich gute Kleidung in Nullkommanichts zerstört. Also trug ich in der ersten Zeit mit Frieda im Wesentlichen alte Jeans und T-Shirts. Da ich gleichzeitig stark abnahm, hatte ich noch einen großen Vorrat an alten Jeans, die ich dann nach und nach auftrug und aussortierte. Meine guten Steppmäntel trug ich in den ersten beiden Wintern gar nicht, einmal hatte ich mir eine preiswerte Steppjacke gekauft – ein kleiner Sprung meiner Frieda, und schon war ein Dreieck im Ärmel herausgerissen. In dieser Zeit lernte ich stopfen und flicken – und auch wegwerfen. Ich hatte mir zwei schöne Baumwollpullover in gelb und dunkelblau gekauft, die ich gerne in der Übergangszeit über Polohemden trug – also gerade im September, als die kleine Frieda bei mir einzog. Ich sitze am Schreibtisch auf einem Hocker ohne Rückenlehne, und Frieda zupfte oft an mir, um Aufmerksamkeit zu bekommen. Bald hatten die Pullover kleine Risse und Löcher, und irgendwann hatten sie ausgedient. Der gelbe Pullover war in dem Shop noch vorrätig, den kaufte ich noch einmal und legte ihn für „bessere Zeiten“ zurück. Die kamen dann auch – und ich trage ihn heute noch mit Freude.

Für Hundespaziergänge habe ich noch aus Sentas Zeiten einen unempfindlichen Anorak sowie einen wasserundurchlässigen, etwas wärmeren Anorak. Aber der Winter nahte mit dem ersten Frost, und ich wollte meine teuren Steppmäntel nicht gefährden. So kaufte ich mir eine längere Baumwolljacke mit ausknöpfbarem Futter und Kapuze in einer größeren Größe, so dass ich bei strengem Frost sogar dicke Pullover darunter tragen konnte.

Wie du dir denken kannst, waren Friedas spitze Welpenzähnchen nicht nur für meine Kleidung gefährlich, sondern auch und vor allem für meine Haut. Meine kleine Notapotheke im Badezimmer umfasste Desinfektionsspray, flüssiges und festes Pflaster sowie Heilsalbe. Natürlich versuchte ich, Frieda die Beißhemmung beizubringen, aber durch unvorsichtige Bewegungen entstanden immer wieder kleinere Verletzungen, die ich aber letztlich unbeschadet überstanden habe.

Oft war sie einfach aufgeregt, oder sie wollte an mir hochspringen, was ich mit den Händen als Stoppsignal abwehrte – und schon war es passiert: Frieda biss in meine Hände. Aber das Beißen ist ganz normal, der Welpe will einfach testen, ob es mir ernst ist mit meinem Signal. Ich habe mir angewöhnt, Frieda deutlich zu zeigen, wenn mir etwas weh tut. Und ich achtete immer mehr darauf, meine Hände nicht einfach wegzuziehen, denn das weckte ihren Spieltrieb. Am besten ist es, den Hund zur Ruhe zu bringen, wenn er aufgeregt ist. Aber das neue Leben mit seinem neuen Menschen ist nun mal voller Aufregung und Überraschungen, und so dauert das eine Weile, bis die bleibenden Zähne da sind und keine Verletzungen mehr passieren.

Und nun schreibt Frauke

Wer kennt sie nicht, die spitzen Welpenzähne. Ich liebe sie und finde sie total niedlich, du musst nur wissen, wie du damit umgehen kannst.

Welpen können mit den Zähnchen alles kaputt machen und annagen. Auch hier musst du konsequent dranbleiben und deinem Welpen klar machen, dass er nicht alles annagen darf. Am besten hilft eine Kopfhornplatte oder Hirschgeweih, damit er da seine Zähnchen „benutzen“ kann.

Autofahren

Nach den Erfahrungen mit Senta fürchtete ich das Autofahren ein wenig, es stand auf der Liste für die private Hundetrainerin, die in den ersten Wochen einige Male bei uns war. Sie bestellte uns einfach zum Hainparkplatz, weil ich doch so gerne mit Frieda im Hain spazieren gehen wollte, mich aber wegen des Autofahrens nicht traute. Und zum Laufen war es von unserer Wohnung aus zu weit.

Hier war die Anleitung in José Arces Welpenbuch sehr hilfreich für mich. Frieda war bei Frauke noch nicht im Auto mitgefahren, angesichts von 19 Welpen kam der Tierarzt immer auf den Hof. Als wir Frieda in Delingsdorf abholten, haben wir sie einfach auf die Rückbank gelegt, wo sie sofort einschlief. Seitdem wusste sie, dass das Auto ein Platz zum Ausruhen ist.

Jetzt sollte eine Gewohnheit daraus werden. Ich machte keine langen Vorübungen, sondern ging mit ihr an der Leine durch die Tiefgarage zu meinem Auto, öffnete die linke hintere Tür und hakte die Hundeleine an dem kurzen Sicherheitsgurt ein, der in der Gurtverankerung steckte. Ich wollte Frieda aber nicht einfach hineinheben, sondern stellte ihre Vorderpfoten auf den Rand der Rückbank, sagte „Hopp“ und schob ein wenig von hinten. Im Nu war sie im Auto und hatte das Gefühl, dass sie selbstständig eingestiegen war. Den zweiten Sicherheitsgurt befestigte ich oben an ihrem Geschirr.

Beim Aussteigen ging es ähnlich, ich öffnete die Tür, stellte mich vor die Öffnung. Dann zog ich ein wenig an der Leine, löste den Sicherheitsgurt vom Geschirr, sagte „Komm“ und sie sprang heraus. Das andere Ende der Leine ist noch am Sicherheitsgurt befestigt, so dass sie nicht weglaufen kann, wenn sie z. B. einen anderen Hund auf dem Parkplatz bemerkt.

Beim Autofahren ist Frieda ganz entspannt, ich löse die Leine vom Geschirr, weil die sich auch auf kurzen Fahrten verwickelt. So ist nur der Sicherheitsgurt am Geschirr befestigt. Wie bei Senta verwende ich übrigens ein Geschirr, bei dem sich die Leine leicht in den großen Ring auf dem Rücken einhaken lässt, neben dem noch ein Handgriff ist. Von Frauke hatten wir zunächst ein sehr hübsches, bordeauxrotes Geschirr bekommen, das aber schwieriger anzulegen war.

Fraukes Erfahrungen

Ein sehr interessantes Thema ist auch das Autofahren. Damit habe ich immer sehr gute Erfahrungen gemacht. Wenn du den Welpen gut begleitest und ihm viel Sicherheit gibst, dann geht das eigentlich immer ohne Probleme. Ich habe nie schlechte Erfahrungen gemacht und auch nie mit einem meiner Hunde Probleme gehabt.

Meine Hunde lieben das Autofahren und sind auch gerne im Auto. Mein erster Berner ist lieber im Auto geblieben als alleine zu Hause.

Respekt zeigen

José Arce nennt einige Erziehungs-Basics, die du mit deinem Welpen gezielt einüben musst. Dazu gehört es, Respekt zu zeigen. Denn so ein kleiner Hund benimmt sich schon mal ziemlich daneben – das war auch bei Frieda so. Jeder Hundebesitzer sieht das anders, aber für José Arce stehen zwei Dinge ganz oben auf der Schlechtes-Verhalten-Liste: Zwicken und beißen, sowie bedrängen und hochspringen. Dies alles sollte ein Welpe nicht tun, und auch ein erwachsener Hund nicht. Es sollte gegenseitiger Respekt herrschen, man muss dem Welpen erst beibringen, dass er sich nicht alles herausnehmen darf.

Frieda kam nun aus einer Zucht mit 19 Welpen und 5 erwachsenen Berner Sennenhunden. Da war sie es gewohnt, sich zu behaupten, indem sie ihre Kraft einsetzte. Nun war sie plötzlich ganz alleine mit mir. Oft wird gesagt, der Hund testet, wer der „Chef" ist – das glaube ich aber nicht. Frieda wollte einfach erfahren, wie weit sie bei mir gehen durfte und wie ich dann reagieren würde. Noch heute leckt sie mir manchmal zärtlich den Arm, aber sie kann auch ihre Zähne einsetzen beim Zwicken und Knabbern. Ich zeige ihr immer wieder, wie weit sie gehen darf und wann es mir weh tut. Das ist ein langer Prozess des Sich-aneinander-Gewöhnens, und er dauert bei uns noch bis heute an.

Anders ist es mit dem Hochspringen – es gab eine Phase, da sprang Frieda an mir hoch und biss mich in den Arm – das war nach José Arces Meinung vor allem Aufgeregtheit und Stress. Dagegen hilft nur, den Welpen zur Ruhe zu bringen, damit er sich sicher fühlt. Bei uns kam ja dann die Phase nach meinem Unfall (siehe nächstes Kapitel), als sechs fremde Personen im Wechsel mit Frieda spazieren gingen. Frieda war zu dem Zeitpunkt 6 Monate alt und die unterschiedlichen Erziehungsversuche der Gassigänger haben sie ganz offensichtlich überfordert.

Wenn ich nach Hause kam, sprang Frieda lange Zeit zur Begrüßung an mir hoch. Auch das war ein Zeichen von Aufregung und Verunsicherung, weil ich so lange weg gewesen war, nicht jedoch ein Zeichen übermäßiger Freude. Wenn ich heute zur Tür hereinkomme, knuddle und streichle ich sie, gebe ihr ein Leckerli und versuche, sie zur Ruhe zu bringen. Immer wenn ich vom Wocheneinkauf komme, stehen Taschen und Tüten auf einem Wagen, und obenauf die gelbe Tüte vom Tiergeschäft. Dort ist immer ein besonderes Knabberteil drin, sie sucht es mit ihrer Nase und zieht es gleich heraus. Und schon ist sie auf ihrem Platz und kaut an dem Mitbringsel, so dass ich in aller Ruhe meine Einkäufe auspacken und verstauen kann.

Während zwischen mir und Frieda ein gegenseitiger Respekt herrscht, ist das leider bei anderen Menschen, denen wir begegnen, nicht immer der Fall. Bei meinen Spaziergängen durch unseren Stadtteil taxierte ich schon immer die Fußgänger, die uns entgegenkamen: Manche waren sehr negativ gestimmt und Frieda sprang sie an, während andere freundlich und positiv waren und wir einfach vorbeigehen konnten. Auch heute bei unseren Waldspaziergängen beobachte ich das – viele Leute, mit oder ohne Hund, sind entspannt, freundlich und gelassen, dann verlaufen die Begegnungen auch ohne Komplikationen. Andere aber zeigen wenig Respekt vor mir und Frieda, und dann kann es passieren, dass Frieda mal einen Fußgänger anbellt. Sie würde aber niemals an Fremden hochspringen oder sie beißen. Erst kürzlich fand ich im Internet die These in einer Studie bestätigt, dass Hunde Menschen mit schlechten Absichten erkennen.

Die „schlimmen" 5 Minuten

Frieda musste viel lernen im Alltag mit ihrem Frauchen, sie musste sich an mir orientieren und erfahren, was ich von ihr erwartete. Ich glaube, die berühmten „schlimmen 5 Minuten", die jeder Welpenbesitzer kennt, sind einfach dazu da, dass der Welpe sich mal „entladen" kann von all der Konzentration und Spannung. Bei Frieda war es lange Zeit Hochspringen und Beißen in meinen Arm und später in die Leine, oft, nachdem sie ihr Geschäft gemacht und sich dadurch etwas entspannt hatte.

Mit viel Geduld und Konsequenz sowie dem Zauberwort NEIN habe ich ihr beigebracht, sich in diesen „schlimmen 5 Minuten" zu beherrschen. Und ich habe das einfach durchgehalten, indem ich sie beruhigte, mit ihr redete, sie streichelte und selbst versuchte, ganz ruhig zu bleiben.

Eine Zeitlang gab es dann auf unseren Spaziergängen noch mal solche „schlimmen 5 Minuten", in denen sie wie wild in der Walderde buddelte und dann wie angeschossen über eine kurze Strecke hin und her raste. Auch dieses Verhalten legte sich irgendwann, vor allem, seit wir entspannt auch ohne Leine spazieren gegangen sind.

Dazu meint Frauke

Da kann ich gar nicht so viel zu schreiben. Das kenne ich nicht. Ich kenne nur explodierte Kissen … hahaha … und das nach 5 Minuten!

„Müllschlucker“

Bei unseren Spaziergängen in der Stadt beschnüffelte und untersuchte Frieda alles, was auf dem Boden lag. Ich war manchmal ziemlich ärgerlich darüber, was Menschen in einem eigentlich gepflegten Stadtviertel alles einfach wegwerfen und liegenlassen. Denn Frieda fand alles, und es war nicht immer einfach, ihr das Gefundene wieder wegzunehmen. Ich entwickelte eine wahre Meisterschaft darin, sie mit Leckerli abzulenken, aber gegen manche Gerüche war ich einfach machtlos. Vor allem auch gegen Tempotücher.

Später bei unseren Waldspaziergängen war und bin ich immer noch fassungslos, was Menschen dort im Wald alles liegenlassen: Müll jeder Art in der Nähe des Parkplatzes, Getränkedosen, Kronkorken, Becher mit Bier und Kaffee, in Baumstümpfen versteckt, u.v.m. Besonders nach Wochenenden und Feiertagen ist die Ausbeute reichhaltig, denn Papierkörbe gibt es aus gutem Grund im Wald nicht, auch nicht am Parkplatz.

Lies dazu bitte auch das Kapitel *Der große Schock – Anti-Giftköder-Training.*

Hundekot frisst sie zum Glück nicht, davon habe ich sie von Anfang an durch ein ganz bestimmtes „Pfui“ abgehalten – frische „Pferdeäpfel“ jedoch munden ihr. Sie liebt Stöckchen jeder Art, an denen sie knabbert und sie auch mitschleppt.

Natürlich findet Frieda im Wald auch Dinge, die andere Hundehalter einfach verloren haben: Bällchen und anderes Spielzeug, das sie anfangs wie eine Beute beim gesamten Spaziergang mitschleppte. Sogar eine sehr schöne Hundeleine aus Leder fanden wir, die habe ich dann hoch in einen Busch gehängt, damit der Besitzer sie wiederfinden konnte. Und die Attraktion im Winter sind natürlich Handschuhe und Mützen, die Frieda überall mit großer Begeisterung findet.

Gerade vor ein paar Tagen fand sie im Gebüsch neben dem Wanderweg einen Futterbeutel, offenbar mit sehr guten Leckerli, denn den Beutel gab sie nicht wieder her, er verschwand in ihrem Maul und ich hoffte, dass er auf natürlichem Wege wieder herauskam. Zu Hause gab es dann gleich Sauerkraut als Beilage zum Mittagessen. Tatsächlich ist der Beutel mit den unverdauten Entenfleischstreifen am übernächsten Morgen von selbst wieder herausgekommen.

Dazu ein paar Tipps von Frauke

Auch dies kann ich von meinen Hunden sagen: Ein Labrador und auch ein Berner sind Müllschlucker, sie können echt alles fressen, aber wenn man alles aus der Reichweite legt, dann funktioniert es auch und sie fressen nicht alles, aber gebrauchen können sie trotzdem alles.

Wenn du, so wie ich, acht Hunde hast, dann denkst du schon weiter und lässt nichts rumliegen oder rumstehen.

Wir hatten viele explodierte Kissen, das ging sogar ziemlich schnell, so dass es irgendwann keine Hundekissen mehr gab. Auch Hausschuhe können Beine bekommen.

Sobald du die Hausschuhe stehen lässt, sind sie schnell weg. Klar ist das immer sehr lustig am Anfang, aber du solltest da gleich gegenarbeiten und Grenzen setzen. Sonst kann das auch mal überhandnehmen und dein Hund räumt dann aus Langeweile und Neugierde ein ganzes Bücherregel leer.

Ein Hund braucht Grenzen – klare Grenzen, wie ein Kind. Und diese Grenzen wird der Hund immer wieder in Frage stellen und du musst immer wieder sagen: „Nein stopp."

Wenn du dabei nachgibst, dann lernt der Hund das sehr schnell.

Büroarbeit

Als Autorin und Verlegerin arbeite ich zu Hause, meist ganz ruhig am Schreibtisch und am Computer, außerdem gibt es Telefonate und Online-Meetings mit Autoren und Kunden, bei Kursen und größeren Veranstaltungen. Frieda war von Anfang an daran gewöhnt, bei mir im Büro zu sein, wenn ich arbeite, sie liegt dann gerne unter dem Schreibtisch oder vor der Terrassentür, im Sommer draußen auf der Terrasse vor der Tür zum Büro. Auch bei Live-Videos störte sie nicht. Anfangs musste ich den Altpapierkorb „verteidigen", bis ich ihn durch eine Tüte ersetzte, aus der sie nicht so einfach etwas herausholen konnte.

Mein Tag ist gut strukturiert, und Frieda sorgt dafür, dass ich diese Struktur einhalte. Sie kennt ganz genau die Zeiten, wenn es hinaus geht zum Spaziergang und fordert die Pausen dann auch ein, indem sie z. B. so lange meinen Arm stubst, bis ich aufstehe und mich zum Spaziergang fertigmache. Wenn sie aber doch mal stört, muss sie das Büro verlassen, und dann stelle ich die kleine Trittleiter quer vor die Türöffnung, was sich bis heute bewährt hat.

Durch die klare Struktur des Tages schaffte ich meine Arbeit mit Leichtigkeit, und konnte zunehmend auch alle Termine einhalten. Am 22. Oktober 2022 schrieb ich in meinem Blogartikel: „Ich habe letzten Sonntag begonnen, am Buch *Senta & ich. Vom Glück des Lebens mit einem Hund* zu schreiben. Nun, da Frieda bei mir ist, erinnere ich mich an so vieles aus der ersten Zeit mit Senta. Und ich sage immer zu Frieda: Du wirst genau so ein Traum von einem Hund, wie Senta es gewesen ist."

Diese Vorstellung von einer tollen Berner Sennenhündin Frieda lässt alle kleinen Probleme wie eine angekaute Brille, Pullover mit gezogenen Fäden, angeknabberte Möbel und kleine Bisswunden an der Hand verblassen, lässt mich jeden Morgen fröhlich aufstehen, um wieder einen richtig guten Tag mit Frieda zu erleben. Und Bücher entstehen auch weiterhin.

Hundeschule

José Arce schreibt dazu in seinem Welpenbuch: „*Ob Sie mit Ihrem Welpen in eine Hundeschule gehen oder nicht, ist wieder eine ganz persönliche Entscheidung. Ich finde eine Hundeschule gut, wenn man dem Hundehalter dort zeigt, wie er seinen Hund erkennen, die Verantwortung für ihn übernehmen und ihm Struktur geben kann. Und wie er das alles in den Alltag integriert.*" (S. 111)

Ein Bekannter hatte mir eine Hundeschule in einer anderen Stadt empfohlen, und als die Leiterin mich anrief, zeigte sich das erste Problem bei Welpengruppen: Frieda hätte nur bis zum Alter von 16 Wochen dort teilnehmen können, aber als der Kontakt endlich zustande kam, war Frieda schon 14 Wochen alt und ihre Entwicklung ging täglich in Riesenschritten voran. Sie suchte den Kontakt mit anderen Hunden in der Nachbarschaft, und so war es für mich wichtig, dass Frieda endlich Hundegesellschaft bekam.

Die Hundetrainerin rief in der Mittagszeit an – Frieda war gerade beim Essen, kam ins Büro gesaust und zupfte an meinem Pullover, denn sonst bin ich bei ihr und koche mein Essen – das ist unsere Mittagsruhe. Ich erklärte es der Hundetrainerin und war über ihre Reaktion ziemlich erstaunt, denn sie meinte, eine Struktur und Rituale seien ganz unmöglich für einen Hund. Das aber ist für mich besonders wichtig – da richte ich mich ganz nach den Hinweisen von José Arce. Ich hätte dann in der nächsten Woche in eine Welpengruppe kommen können, um danach im Einzeltraining alles nachzuholen, was Frieda bisher versäumt hatte. Von einem Hausbesuch (wie auf der Homepage angekündigt) war nicht die Rede. Da außerdem die Fahrt dorthin fast eine Stunde gedauert hätte, nahm ich das Angebot nicht an.

In den zahlreichen Bamberger Hundeschulen fand ich keine Welpengruppe, die vom Alter her gepasst hätte. Offenbar muss man ein passendes Angebot bereits suchen, wenn der Hund gerade geboren ist. Ich fand dann eine Hundetrainerin, die zu uns nach Hause kam. Mit ihr haben wir einige Stunden gearbeitet – nur den Umgang mit anderen Hunden lernte Frieda natürlich nicht. Wir waren dann mit dem Nachbarhund, einem älteren Australian Shepherd, unterwegs, sowie mit einem jungen Dackel. Aber Frieda war ja schon ziemlich groß, und so war der große Hund der richtige Spielpartner für sie, mit dem Dackel klappte das aber nicht.

Später haben wir bei unseren Spaziergängen im Hain verschiedene Menschen mit ihren Welpen kennengelernt und auch etwas über einige Welpengruppen erfahren. Eine Bekannte traf ich mal, und sie sagte nichts zu mir. Ich fragte sie, ob sie krank sei – aber nein, ihr hatte die Hundetrainerin verboten, beim Hundespaziergang zu sprechen! Nach diesen Erlebnissen war ich froh, dass ich keine Welpengruppe für Frieda gefunden hatte. Eins der Probleme ist sicherlich, dass in manchen Gruppen kleine und große Hunde gemeinsam miteinander spielen bzw. lernen.

Ich beende diesen Abschnitt mit dem 2. Teil des Zitats aus José Arces Welpenbuch: *„Schließlich will Ihr Welpe mit Ihnen leben und von Ihnen lernen. Genauso wie er es in einer Hundefamilie auch tun würde. In der Natur findet Lernen nämlich ebenfalls im alltäglichen Miteinander statt. Nur durch den gemeinsamen Alltag kann Ihr Welpe zu einem souveränen Hund heranwachsen."* Vielleicht hilft dir das bei deiner Entscheidung, ob dein Welpe in die Hundeschule soll.

Dazu gibt Frauke ein paar Tipps

Das ist ein sehr interessantes Thema und im Grunde auch eine Sache, die jeder für sich entscheiden muss. Es ist erstmal sehr schwer, eine gute Hundeschule zu finden, die so arbeitet, wie du dir das vorstellst.

Mit deinem ersten Hund ist es schon gut, wenn du mal eine Hundeschule besuchst, um die ersten Schritte wie Sitz, Platz und Fuß mit deinem Berner zu erarbeiten. Der Berner kommt unter gleichaltrige Hunde und muss verschiedene Dinge lernen, unter anderem, wie gehe ich an anderen Hunden vorbei usw.

Wenn du schon einen Hund hattest, dann hast du ja schon einiges Wissen, um mit deinem Hund zu arbeiten. Jeder Hund ist anders und braucht vielleicht auch einen anderen Weg in der Erziehung. Wie sagt man so schön: „Viele Wege führen nach Rom" und „Rom ist nicht an einem Tag erbaut worden".

Dumme Sprüche, aber es ist absolut etwas dran, und so ist es auch in der Hundeerziehung. Manches lernen die Hunde schnell, und manche brauchen länger oder einen anderen Weg, und manchmal braucht auch das Herrchen länger oder einen anderen Weg.

Eine Hundeschule, eine gute Hundeschule, kann dir dabei helfen und dich unterstützen.

Tierarztbesuch

Drei Wochen, nachdem Frieda bei mir eingezogen war, gingen wir zum ersten Mal zu unserem Tierarzt. Friedas Patentante Conny hat uns begleitet. Frieda war völlig entspannt und wartete geduldig mit mir im Wartezimmer, wo sie sich vor allem für die anderen Hunde interessierte. Sie ließ sich dann ohne weiteres untersuchen und impfen. Schließlich war auch alles in Ordnung mit ihr, der Tierarzt war hochzufrieden mit ihrem Gesundheitszustand und ihrer bisherigen Entwicklung.

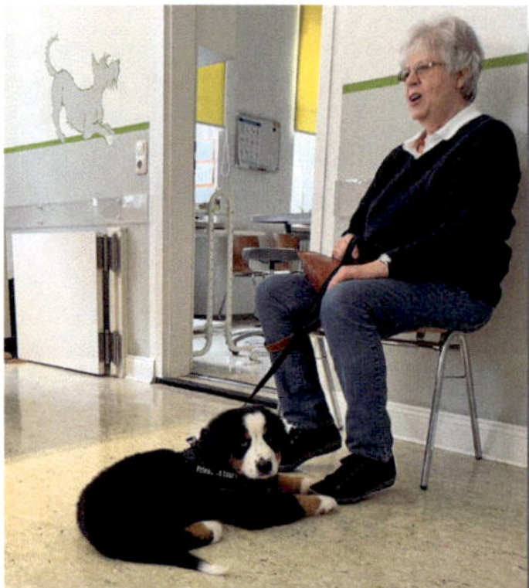

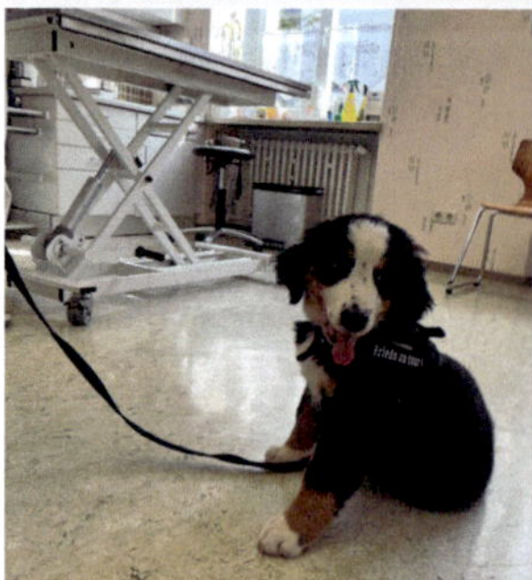

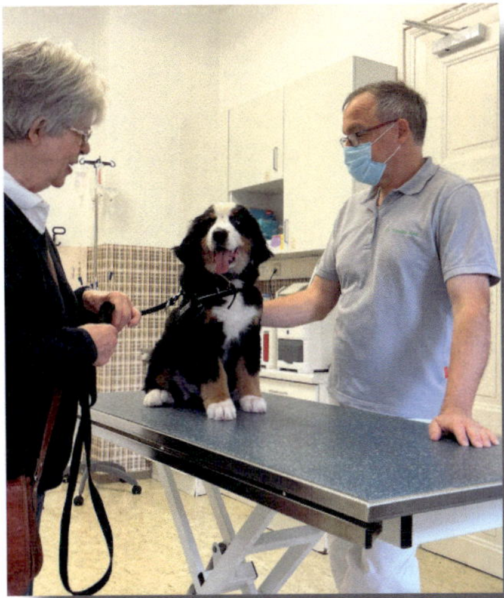

Der Tierarzt gab mir einige Informationen zur Ernährung und sprach auch über eine mögliche Kastration. Dazu war ich bereit, nachdem Senta mit 5 Jahren beinahe an einer Gebärmutterentzündung gestorben wäre. Weiteres dazu kannst du in einem späteren Kapitel lesen.

Der Hinweg zum Tierarzt war dann der einzige Einsatz für unseren Bollerwagen – Conny hat gezogen und ich habe Frieda im Wagen gehalten. Auf dem Rückweg wollte Frieda dann lieber alleine laufen und wir haben den Bollerwagen wieder verkauft.

Und nun schreibt Frauke

Was gibt es Aufregenderes als den ersten Tierarztbesuch!

Im Grunde sind die Welpen neugierig, und wenn du ein gutes Vertrauensverhältnis aufgebaut hast, dann wird dein Welpe das locker wegstecken. Es gibt ja dann auch vom Tierarzt noch ein Leckerli und schon ist der Piks von der Spritze vergessen.

Super ist immer, dass du den Hund einmal wiegen kannst und gleich siehst, ob dein Berner ein gutes Gewicht hat. Am Anfang nehmen die immer pro Woche 1 kg zu.

Alles, was du mit dem Berner machst und erlebst, solltest du ruhig und entspannt angehen, dann stellt der Welpe auch nichts in Frage, ob das vielleicht nicht richtig ist oder ob das schlimm sein könnte. Wenn du selbstverständlich an alles rangehst, dann macht der Berner das auch.

Ich sage immer: … einfach machen!

Oft bist du selbst sehr aufgeregt und du überträgst diese Aufregung automatisch auf deinen Welpen. Das muss du nicht sein … die Tierärzte können dir alles gut erklären und nehmen sich meist auch immer etwas mehr Zeit für einen Welpen, damit der Welpe alles kennenlernen kann.

Besuch beim Hundefriseur

Sentas Hundefriseure Tobias und seine Mutter Erika waren sehr traurig gewesen, als Senta starb. Sie ließen mir durch meine Nachbarin ausrichten, dass ich doch schon mal mit der kleinen Frieda zu ihnen kommen sollte, damit sie sich daran gewöhnte.

Am 21. Dezember war es dann so weit: Frieda war 5 ½ Monate alt und zum ersten Mal beim Hundefriseur! Sie nahm die Behandlung dort ganz gelassen hin, war dann jedoch bei späteren Besuchen nicht mehr ganz so entspannt. Aber durch den liebevollen Umgang der Hundefriseure mit Frieda geht letztlich jeder Besuch friedlich und freundlich aus.

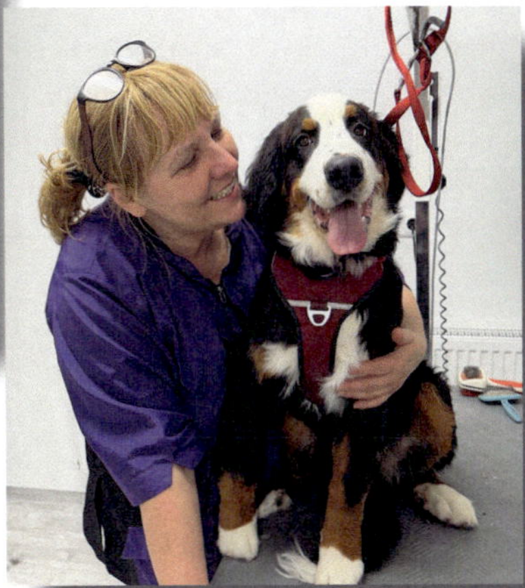

Fraukes schreibt dazu

Ich war mit meinen Bernern noch nie beim Friseur, weil ich dafür keine Notwendigkeit gesehen habe.

Ich weiß aber, dass Kunden, gerade mit einem älteren Berner zum Friseur gehen, weil sie das Gefühl haben, dass ihm das kürzere bzw. dünnere Fell gut tut.

Frieda geht auch ab und an zum Friseur, weil der Friseur ihr die ganze Unterwolle rauskämmt.

Ich bin in der Beziehung sehr faul bei meinen Bernern. Das gebe ich zu. Aber wenn es zur Hundeschau geht oder wenn ich merke, dass die Berner zu viel Unterwolle bekommen, dann greife ich auch mal zur Bürste und kämme sie durch.

Ich denke, auch dies muss jeder Bernerbesitzer selber entscheiden.

Nur scheren würde ich meinen Berner nie, da bin total dagegen, weil das Fell vom Berner wie eine Klimaanlage funktioniert. Eine kleine Ausnahme würde ich vielleicht machen, in Absprache mit dem Tierarzt. Gibt es aus der Sicht des Tierarztes einen Grund, dass der Berner geschoren werden muss, dann würde ich es auch machen.

Zum ersten Mal im Hotel

Zu Beginn der Adventszeit bekam Frieda gleich zwei Adventskalender, jeden Morgen wartete sie nun darauf, dass ich ein neues Türchen öffnete. Nun war es auch an der Zeit, dass sie in das große Hundebett wechselte. Mit ein paar Leckerli lockte ich sie hinein und dann schlief sie gemütlich darin, knabberte aber bald den Rand an. Zum Nikolaustag kam Hundepatentante Conny und wir feierten zusammen den Vortag von Friedas 5. Monatsgeburtstag.

Meinen für Anfang Dezember geplanten Winterurlaub im Hotel Armentarola sagte ich ab, mir war es zu ungewiss, ob ich mit Frieda schon eine Woche lang in einem Hotel leben könnte. Denn so richtig stubenrein war sie noch nicht. Und die Reise dorthin in die Dolomiten erschien mir auch zu lang, wir hätten unterwegs übernachten müssen, so wie ich es früher mit Senta gemacht hatte.

Am 2. Advent haben wir dann spontan eine kleine Auszeit am Fichtelsee – im tief verschneiten Fichtelgebirge – erlebt. Am Adventssonntag fuhren wir dorthin, es ist nur eine gute Autostunde von Bamberg entfernt. Bei der Ankunft machte ich erst einmal das Hotelzimmer „welpensicher", d. h. ich räumte den Adventsschmuck und andere kleinere Gegenstände in den Schrank. Wie zu Hause legte ich meine Kleidung ins Badezimmer. Und für Frieda legte ich ihr Vetbed unter den Tisch des Hotelzimmers und eine Pipi-Unterlage in den Vorraum.

Bei unserem ersten Spaziergang am Seeufer entlang ließ ich Frieda frei laufen und bekam gleich einen gehörigen Schreck, weil sie unbekümmert auf die verschneite Eisfläche hinauslief. So gingen wir dann doch an der Leine weiter, denn es waren viele Ausflügler unterwegs, mit Kindern und Hunden. Am Hotel gab es einen romantischen kleinen Weihnachtsmarkt – sogar der Weihnachtsmann kam zu Besuch. Und Frieda schaute sich alles interessiert an.

Für den Abend hatte ich einen Tisch im Restaurant reservieren lassen, und was zu Hause noch nicht gut klappte: Hier setzte sie sich brav auf das mitgebrachte Vetbed und benahm sich mustergültig – obwohl am Nebentisch ein Hund lag, wie wir erst später feststellten.

Ich hatte nur eine Übernachtung gebucht, weil ich dachte, falls sie nachts auf ihrem Vetbed Pipi machen würde, könnte ich das am nächsten Tag einfach einpacken und zu Hause waschen. Aber es kam ganz anders: Spät am Abend gingen wir noch mal in die Winternacht hinaus und Frieda lernte, dass man auch im Schnee sein Geschäft erledigen kann. Sie schlief brav auf ihrem Vetbed unter dem Tisch, weckte mich dann aber ziemlich früh am nächsten Morgen. Und weil das Hotelbett viel niedriger war als mein Bett zu Hause, versuchte sie auch, hineinzuklettern.

Aber ich stand auf und wir erlebten einen wunderschönen Morgenspaziergang um den verschneiten See herum. Der Mond schien noch, es war eiskalt – weniger als -9 Grad. Die Landschaft hatte uns verzaubert, und mir kam das Lied *Leise rieselt der Schnee* in den Sinn: „Leise rieselt der Schnee, still und starr liegt der See. Weihnachtlich glänzet der Wald: Freue dich, Christkind kommt bald."

Erfüllt von dieser Morgenstimmung fuhren wir nach Bamberg zurück. Am 4. Advent fand dann der Fondueabend mit Freunden statt, von dem ich schon weiter oben berichtet hatte. Frieda nahm alles mit Neugier und großer Freude auf. Und lernte immer mehr.

Tipps von Frauke

Der erste Urlaub im Hotel, kannst du das mit einem Welpen machen oder nimmst du doch lieber eine Ferienwohnung oder ein Ferienhaus? Es geht alles. Du solltest auf alle Fälle mit dem Hotel sprechen, ob es die Möglichkeit gibt, mit einem Welpen zu kommen.

Du solltest auch seine Decke mitnehmen, und wenn der Hund ins Bett geht, dann vielleicht auch ein eigenes Bettlaken dabei haben. Wenn der Welpe in einer Kiste schläft oder einen Laufstall hat, dann solltest du diesen auch mitnehmen, damit du so viel wie möglich so wie gewohnt machst.

Es ist gut, wenn der Welpe früh lernt, auch mal woanders zu schlafen. Natürlich ist es immer aufregend, ob alles klappt und gut läuft, aber um so schöner, wenn es funktioniert und du paar schöne Tage mit deinem Hund verbringen kannst.

Du kannst auch abends versuchen, beim Essen den Hund auf dem Zimmer zu lassen. Heutzutage gibt es ja auch schon Kameras, mit denen du den Welpen beobachten kannst, ob alles klappt.

Weihnachten feiern

Ich hatte überlegt, ob ich überhaupt einen Weihnachtsbaum aufstellen sollte. Und dann kaufte ich einen kleinen Baum und einen Hocker, auf dem er stehen konnte. Frieda sah gespannt zu, als ich den Baum aufstellte und später schmückte. Auf unsere Weihnachtskrippe und die Engelkapelle verzichtete ich in diesem Jahr. Der Flügel war bedeckt mit vielen Geschenken, auch für Frieda, und alles blieb unbehelligt, genau wie das Saxophon und die Gitarre, die im Raum standen.

Irgendwann hatte ich bemerkt, dass Frieda es gerne mochte, wenn wir Musiksendungen im Fernsehen anschauten. Sie sitzt dann auf dem Sofa und wippt mit dem Schwanz im Takt der Musik. So haben wir in der Adventszeit viel Musik gehört, und Frieda gewöhnte sich auch daran, dass ich auf meinem Flügel spielte.

Am Heiligabend schaute Frieda interessiert zu, wie ich die traditionelle Hühnersuppe kochte. Dafür hatte ich diesmal Hähnchenschen-

kel gekauft, damit Frieda auch ihren Anteil am Essen bekam. Auch am ersten Weihnachtstag gab es ein Gericht mit Hähnchenschenkeln.

Das Jahr klang friedlich aus, Am Silvesterabend hörten wir Musik vom Fernseher, ich hatte die Rollos heruntergelassen und Frieda hatte überhaupt keine Angst vor der Böllerei. Das sollte ein Jahr später aber dann ganz anders sein! Mich nervte ganz gewaltig, dass bei diesem ersten großen Feuerwerk nach der Coronazeit so viel geböllert wurde und alle Überreste am Neujahrstag auf der Straße lagen. Das war ein Spießrutenlaufen mit Frieda, die auch Wochen später immer noch Reste von Feuerwerkskörpern fand.

Und nun schreibt Frauke

An mich wird oft die Frage gestellt, wie ist das mit einem Welpen und einem Tannenbaum. Ich sage immer: Was er jetzt lernt, lernt er für immer. Gerade, wenn Kinder im Spiel sind, solltest du nicht auf einen Baum verzichten. Vielleicht musst du ein Absperrgitter um den Baum stellen, für den Fall, dass mal keine Person im Raum ist. So kannst du den Berner Jahr für Jahr daran gewöhnen.

Du musst also nicht auf einen Baum verzichten, nur weil ein Welpe einzieht. Oder du stellst ihn etwas höher, damit der Welpe nicht dran kommt. Oder du machst es wie in jedem Jahr und musst dann vielleicht öfters „Nein“ rufen.

Der Unfall – Umgang mit dem Ernstfall

Anfang Januar träumten wir von schönen Ferien auf der Sonneninsel Fehmarn – zum ersten Mal seit meinem Umzug nach Bamberg im Juli 2019 wollte ich mit Frieda und ihrer Hundepatentante über die Karnevalstage dorthin fahren. Und ich beamte mich anhand schöner Fotos schon nach Fehmarnsund.

Am 7. Januar wurde Frieda ein halbes Jahr alt – sie war nun ein kesser, aber immer noch lieber und liebenswürdiger Teenager. Die Kuschelzeit war endgültig vorbei und es war hier sehr unruhig, als wir mit einem Gläschen Sekt auf Friedas Halbjahresgeburtstag anstießen.

Und zwei Tage später, am 9. Januar 2023, geschah es: Ich verwickelte mich bei einer Hundebegegnung in die Leine, stürzte und brach mir den linken Ringfinger – es war ein sehr komplizierter Bruch, wie sich am nächsten Tag herausstellte. Noch viele Monate hat mich dieser Sturz fast wie ein Trauma begleitet und beeinflusst, weil ich mit dem Kopf über dem Abgrund zum Kanalufer lag. Wie leicht hätte ich da hinunterrutschen können! Ich bat den am Unfall beteiligten Hundehalter, mich doch erstmal hochzuziehen. Ich glaube, er hatte die Situation genauso wenig wie ich realisiert. Eine Passantin kam dann und fragte, ob sie mir helfen könnte und brachte mich mit Frieda nach Hause.

Es hat sechs Wochen gedauert, bis die Schmerzen nachließen und die Heilung begann. Am Tag nach dem Unfall fiel meine „Notlösung" für solche Fälle aus – die Hundepatentante lag krank im Bett und Frieda war allein zu Hause. Noch schlimmer aber war es, dass ich mit dem eingegipsten Arm nicht mit ihr Gassi gehen konnte. Zum Glück sprang meine Nachbarin mit ihrem Hund ein und nahm Frieda mit auf die gemeinsamen Spaziergänge – das konnte aber keine Dauerlösung für 6 Wochen sein.

So machte ich am nächsten Tag einen Aufruf auf Facebook – und fand viele hilfsbereite Menschen, die mit Frieda Gassi gehen wollten. Schließlich habe ich mit 6 Personen einen Terminplan vereinbart, das Ganze in einer WhatsApp-Gruppe organisiert, und fortan wurde Frieda fast vier Wochen lang jeden Morgen um 8.30 Uhr, mittags um 13 Uhr und abends um 20 Uhr abgeholt und dann nach 30-60 Minuten wieder zurückgebracht.

Du kannst dir sicher vorstellen, dass das nicht ganz einfach war – die Gassigänger waren voll gefordert, Frieda war verunsichert durch so viele Personen, und ich versuchte, das zu Hause zu kompensieren. Denn die Beziehung zwischen Hund und Frauchen wird ja entscheidend bei den gemeinsamen Spaziergängen entwickelt und gestärkt. Ich kaufte ein paar Spiele, die aber nicht so toll bei Frieda ankamen. Nur mit einem Leckerlispiel

und einem Schnüffelteppich beschäftigte sie sich noch eine Zeitlang.

Dann wurde es noch einmal richtig Winter. Einer der Gassigänger war gestresst und schlug vor, Frieda zu Frauke nach Delingsdorf zu bringen, die aber davon abriet. Denn gerade in der jetzt beginnenden Pubertät sollte Frieda doch in ihrer gewohnten Umgebung bleiben. Ich engagierte eine Hundetrainerin, die ein Video aufnahm, um den Gassigängern zu zeigen, wie sie am besten mit Frieda umgehen könnten. Eine Person stieg schließlich aus – und dafür kamen andere hinzu.

Wir haben mal wieder so richtig Glück gehabt. Denn eine Studentin aus der Gassigängergruppe war mit Berner Sennenhunden aufgewachsen und ganz verliebt in Frieda. Sie nahm sie mit in die Stadt und in ein Restaurant und schließlich auch mit nach Hause. Auch ihr Freund liebte Frieda und so durfte Frieda immer wieder mal für zwei Tage dorthin und kam stets glücklich und ausgeglichen nach Hause.

Und ich konnte mich dann ein wenig erholen. Denn nach vier Wochen mit den Gassigängern ging ich wieder selbst mit Frieda spazieren. Das war zunächst nicht ganz einfach, aber ich war ganz sicher, dass wir bald ein „Dreamteam" werden würden. Wir haben die ersten Frühlingsblumen im Hain bestaunt, und dann fuhr ich oft mit Frieda in den Wald, wo wir schöne Spaziergänge machten.

Unsere Reise nach Fehmarn hatten wir verschoben, und nun freuten wir uns, bald am Meer zu sein. Dort würden wir auch einige von Friedas Geschwistern treffen.

Immer wieder habe ich das Kalenderblatt für den Februar angesehen, aufgenommen an der Ostsee, mit dem Spruch: *Niemals aufgeben, man soll niemals seine Träume aufgeben.*

Meine kleine, große Frieda war inzwischen 8 Monate alt und ein manchmal recht frecher Teenager geworden. Genau wie bei all den Stürmen, die ich an der Ostsee erlebt habe, hieß es abwarten und geduldig bleiben, konsequent handeln und nicht verzweifeln. Denn irgendwann ist jeder Sturm vorbei und die Sonne scheint wieder.

Und nun schreibt Frauke

Beate rief mich an und hat mir gleich erzählt, was passiert war: Sie hatte sich einen Finger gebrochen, weil Frieda losgestürmt ist, als ein Hund von vorne kam. Ach du Schreck und nun? Mit der Hand konnte sie nicht mit Frieda spazieren gehen.

Sie fragte mich, ob ich Frieda nehmen könnte. Ja, ich habe es ihr immer versprochen, aber in den jungen Jahren fand ich es sehr ungünstig, den Hund wieder zu mir zu bringen, weil Frieda ihr Zuhause und ihren Tagesablauf hatte und sie dann wieder rausgerissen würde und weg von Beate, wo sie doch gerade anfingen, ein Team zu werden. Ja, in ihrer jugendlichen Sturm- und Drangphase vergisst sie etwas ihre Kraft, aber das war einfach ein blöder Unfall, dass Beate sich in der Leine verwickelt hatte mit den Fingern.

So etwas kann leider passieren, sehr ärgerlich, aber Kopf hoch, Krone geraderichten und wieder weiter machen.

Nun ging es darum, einen Plan zu schmieden, wie es weitergehen sollte mit Frieda. Wer geht mit ihr spazieren?

Ruckzuck wurden übers Internet Gassigeher organisiert und Beate machte einen Plan, wer wann mit Frieda gehen würde. Und so konnte Frieda in ihrer gewohnten Umgebung bleiben.

Unser erster Urlaub an der Ostsee

Mit einer jungen Berner Sennenhündin im Strandkorb sitzen und aufs Meer schauen – das ist schon Teil meines Traums vom glücklichen Leben. Das Ganze auf der Terrasse einer Traumwohnung direkt am Meer … Schon dreimal hatte ich einen Urlaub auf Fehmarn gebucht, seit ich im Juli 2019 mit Senta von dort wieder nach Bamberg gezogen bin – und jedes Mal wieder storniert.

Der Traum vom glücklichen Leben am Meer schien ausgeträumt …

Und dann kam Frieda – und ich wollte mit ihr und Conny endlich nach Fehmarn fahren. Dort in Fehmarnsund war ich immer mit Senta spazieren gegangen, dort sollte unser erster Urlaub mit Frieda stattfinden. Durch den Unfall fiel die Reise aus. Ich fand dann eine neue Ferienanlage. Beherzt buchte ich dort eine Penthousewohnung mit Dachterrasse, so erhoffte ich mir wenig Stress mit meiner jungen Hündin.

Vor der Reise hatte ich jede Nacht Alpträume – was wäre bei Starkregen? Was würde Frieda in der neuen, komfortablen Wohnung alles anknabbern? Gut gerüstet fuhr ich los, und statt Starkregen erlebten wir auf der langen Reise mehrere Schneestürme, und ich war sicher, dieses würde meine letzte Reise nach Fehmarn sein – immerhin 685 km von Bamberg entfernt. Doch dann – nach regennasser Fahrt – sah ich einen Regenbogen über der Fehmarnsundbrücke aufleuchten, die

Insel empfing uns im Schein der untergehenden Sonne, die wir dann von der Dachterrasse unserer Wohnung betrachten konnten.

Es war nur wenige Schritte bis zum Strand, wo wir in den folgenden Tagen kilometerweit gelaufen sind. Die Faszination der Ostsee wirkte auch auf Frieda, es war unbeschreiblich schön.

An den folgenden Tagen fuhr ich mit Frieda auf meiner (ehemaligen) Trauminsel herum. Einer der „Magical Moments“ des ersten Tages: Frieda am Grab meines Mannes in Landkirchen.

Man kannte mich noch auf der Insel, da hielt ein Auto und eine Frau sprach mich an, morgens am Fehmarnsund trafen wir Bekannte, am Südstrand eine Frau, die meinte: Ist das jetzt Sentas Nachfolgerin?

Großartig waren die Treffen mit anderen Hunden und ihren Menschen: In Fehmarnsund gibt es eine Frieda, die nur vier Wochen älter ist als meine Frieda, und meine Freunde freuten sich, dass die beiden Friedas so schön miteinander spielten. Wir trafen den 11 Monate alten Berner Sennenrüden Zino und sein Frauchen, die beiden kannte ich aus unserer Berner Sennengruppe auf Facebook.

Der erste Höhepunkt unserer Auszeit war dann das Geschwistertreffen in Neustadt/Pelzerhaken – es waren gleich zwei Schwestern, eine Halbschwester und ein älterer Bruder von Frieda gekommen.

Am Abend haben wir einen herrlichen Strandspaziergang im Licht der untergehenden Sonne gemacht. Die Ostsee war so seidig blau, wie ich es immer geliebt habe. Und ich habe ihn gespürt: den Zauber von Fehmarn. Und ich glaube, Frieda hat ihn auch gespürt. Ich konnte noch ganz lange im Strandkorb sitzen, mit einem Glas Rotwein, und den traumhaften Vorfrühlingsabend genießen.

Wir sind kreuz und quer über die Insel gefahren und haben herrliche Strandspaziergänge gemacht – und auch tolle Begegnungen mit vielen Hunden und ihren netten Frauchen bzw. Herrchen erlebt.

Am letzten Tag dann der Höhepunkt unserer Auszeit auf der Insel Fehmarn: Friedas Züchterin Frauke war da mit Friedas Papa Phil, sowie Bibi und Emma.

Mein Traum vom glücklichen Leben am Meer war endlich Wirklichkeit geworden – die Traumwohnung mit dem Strandkorb auf der Dachterrasse ist fast eine kleinere Ausgabe meiner Traumwohnung in Bamberg, nur dass wir hier keinen Strandkorb haben und auch keinen Blick aufs Meer. Es sollte nicht der letzte Urlaub auf Fehmarn sein …

Tipps von Frauke

Auch das ist alles möglich. Du solltest mit dem Vermieter sprechen, ob du Hunde mit in die Ferienwohnung nehmen darfst und dass es ein Welpe ist. Unnötige Sachen würde ich zur Seite räumen, damit nichts kaputt gemacht wird.

Auch hier kannst du seine Kiste mitbringen, wenn der Welpe das gewöhnt ist oder du richtest hier seine Ecke ein.

Es ist unwahrscheinlich schön, viel Zeit mit deinem Hund im Urlaub zu verbringen.

Du kannst seinen Tagesablauf natürlich gut seinem Alltag von zu Hause anpassen, in einer Ferienwohnung oder einem Ferienhaus eher als in einem Hotel.

Wunderbar ist es noch, wenn du einen kleinen Garten oder eine Terrasse hast, wo der Hund etwas Zeit verbringen kann, ohne dass du ihn immer im Auge haben musst. Berner verbringen unwahrscheinlich gerne viel Zeit draußen. Liegen gerne vor der Tür oder im Garten.

Du kannst auch gut mit einem Hund im Wohnmobil verreisen, wenn du das magst. Das Einzige, was ich persönlich nicht machen würde, dass ich mit meinem Hund fliegen würde. Das wäre etwas, was ich nicht übers Herz bringen könnte, wenn mein treuer Freund im Fluggepäck reisen müsste.

Reisen mit dem Auto ist gar kein Problem. Da kannst du Pausen machen, wie der Hund es braucht oder du selber es möchtest. Hunde können sich super gut anpassen, gerade, wenn sie es von klein auf gelernt haben.

Frieda wird ein Junghund – Pubertät und erste Läufigkeit

Ich habe die Welpenzeit mit meiner Berner Sennenhündin Frieda gut überstanden. Sie ist jetzt fast 10 Monate alt und eine stattliche, schöne und selbstbewusste Hündin geworden. Mit einem Male schien es, dass sie erwachsen geworden wäre. Das war der Tag, an dem ich ihre erste Läufigkeit bemerkte. So einen Gesichtsausdruck hatte ich bisher noch nicht bei ihr gesehen – in meinem neuen Buch *Senta & ich. Vom Glück des Lebens mit einem Hund* erschien sie nun als mein Verlagsmaskottchen, als würdige Nachfolgerin meiner lieben Seelenhündin Senta.

Wir genießen den Sonnenschein auf unserer großen Dachterrasse, und ich freue mich über meine Hündin, die zwar schon recht erwachsen wirkt, aber immer noch wie ein kleines Hundemädchen gerne mit dem Ball spielt

An meinem 71. Geburtstag am 20. Mai ließen wir uns fotografieren. Ich hatte inzwischen nicht nur 18 kg abgenommen, sondern war auch gesund und fit, voller Lebensfreude und Energie.

Am Tag nach meinem Geburtstag begann eine dreiwöchige Phase, in der Frieda ziemlich starke Blutungen hatten. Abgesehen von meiner Angst vor einer ungewollten Deckung durch einen der unkastrierten

Rüden in der Nachbarschaft verstärkte ich meinen Entschluss, Frieda möglichst bald kastrieren zu lassen. Für Anfang August plante ich die Kastration, weil ich es nicht ein zweites Mal erleben wollte, dass meine Hündin an einer Gebärmutterentzündung sterben kann, so wie es bei Senta beinahe der Fall gewesen war. Doch dazu später.

Während Friedas erster Läufigkeit begannen wir, nur noch mit der Leine spazieren zu gehen, so wie es auch José Arce empfiehlt. Er ist der Meinung, dass der gemeinsame, strukturierte Spaziergang mit Hund und Frauchen allemal besser ist als der Besuch einer Hundeschule.

Oft schwankte ihr Verhalten zwischen Angst und Übermut. Und ein wenig wild war sie auch noch. Es erschien mir, als ob sie alles, was sie schon gelernt hatte, wieder vergessen hatte. Kam ein anderer Hund in unsere Nähe, wollte sie mit ihm spielen und toben. Mein Rufen nützte nichts – ihre Ohren schienen auf „Durchzug" zu sein. Kurz: Frieda war in der Pubertät.

Dazu schreibt Frauke

Die Zeit vergeht wie im Fluge und schon wird aus dem kleinen Wollknäuel ein Junghund, der rotzefrech durchs Leben geht. Sie wachsen so schnell – wenn du mal die Fotos von vor paar Wochen anschaust, dann siehst du, wie schnell sie wachsen. Eine Faustregel besagt, dass ein Berner ein Jahr in die Höhe und ein Jahr in die Breite wächst.

In der Pubertät kann es dir passieren, dass der Berner auf einmal nicht mehr weiß, wie er heißt, oder was das Wort „sitz" bedeutet. Jeder wird jetzt schmunzeln und an diese Zeit zurückdenken.

Da müssen alle durch – diese Zeit vergeht und dann sind sie auf einmal erwachsen.

Jeder Berner ist anders, jeder hat eine andere Macke, aber eins haben sie in der Pubertät gemeinsam: Sie können auf einmal nicht mehr hören. Du kannst sie rufen und rufen und rufen, alles andere ist interessanter und wichtiger.

Aber eins kann ich dir auch versprechen: Wenn diese Zeit vorbei ist und die Rotzlöffel durch die Pubertät sind, dann können sie auf einmal wieder hören und deine Erziehung trägt Früchte. Du musst nur am Ball bleiben und darfst die Geduld nicht verlieren.

Frieda braucht Gesellschaft – gehen wir in die Hundeschule?

In unserem Urlaub auf Fehmarn hatte ich erlebt, wie schön es für Frieda ist, mit anderen Hunden am Strand zu spielen. Also kam ich auf die Idee, eine Junghundegruppe bei einer Bamberger Hundeschule zu finden. Das war gar nicht so einfach, denn einige Hundeschulen setzten voraus, dass der Hund an allen Gruppen von der Welpenzeit an teilgenommen hatte. Schließlich fand ich eine Gruppe, zu der ich uns für einen Termin nach Ostern anmelden konnte. Denn es war die Bedingung der Hundetrainerin, dass wir vorher eine Einzelstunde bei ihr buchten – und dafür mussten wir lange auf einen Termin warten.

Ich hatte mir auch eine Hundefreundin gewünscht, für gemeinsame Spaziergänge, so wie wir das früher mit Senta hatten. Und noch in unserem Urlaub schrieb mir eine Nachbarin, deren Hund kurz vor Senta gestorben war, dass sie einen neuen Hund von einer Tierhilfeorganisation im Ausland bekäme.

Wir freuten uns und besuchten sie bald, denn sie hatte den Hund offenbar ganz kurzfristig zu sich genommen. Frieda war ungefähr doppelt so groß wie der kleine schwarzgelockte Hund und bei unserem Besuch in der Wohnung der Nachbarin spielten die beiden ganz nett miteinander. Kurz darauf aber, bei einem Gegenbesuch in unserer Wohnung, merkte ich schon, wie wild der andere Hund noch war, und dass Frieda in seiner Gesellschaft alles, was sie bisher gelernt hatte, vergessen zu haben schien. Wir machten noch einen gemeinsamen Ausflug – mit zwei Autos – das Toben ging bei unserem Spaziergang weiter.

Trotzdem hatte ich mir nichts dabei gedacht, als die Nachbarin mit ihrem Hund gemeinsam mit uns zu der Junghundegruppe fuhr, auch wenn sie noch kein Einzeltraining gehabt hatte. Der Hund war zu dem Zeitpunkt erst 14 Tage bei ihr, und eigentlich noch ein Welpe. Kurz – unser Besuch in der Junghundegruppe war nicht besonders erfolgreich. Frieda war auf den Nachbarshund fixiert und zog immer heftig an der Leine, konnte sich kaum auf die angesagten Übungen konzentrieren. Da uns auch die Hundetrainerin nicht optimal zusagte, beschlossen wir, dort nicht wieder hinzugehen. Ich fand dann einen Hundeverein und bat meine Nachbarin darum, dass unsere Hunde in getrennte Gruppen gehen sollten. Aber sie meinte nur, dass große und kleine Hunde ruhig miteinander lernen sollten.

Also ging ich nicht mit. Und heute bin ich ziemlich sicher, dass es richtig war. Denn in einer alten Hundezeitschrift fand ich per Zufall das Titelthema: *Immer geahnt, jetzt erwiesen: Kleine Hunde brauchen eine ganz andere Erziehung als große Hunde!* (HundeWelt 7/19)

Fortan hielten wir Abstand, wenn wir uns auf der Straße trafen. Ungefähr ein halbes Jahr später trafen wir den Nachbarshund mit einem jungen Mann und seinem Hund im Hain, alle drei spielten miteinander, aber der Nachbarshund raste immer noch herum, als die anderen beiden schon müde im Gras saßen. Und erst vor etwa zwei Monaten hatten wir eine ganz friedliche Begegnung in der Nachbarschaft.

Doch zurück zur Suche nach einer Junghundegruppe für Frieda: Ich fand eine Hundeschule, die mir zusagte. Schon vor dem ersten Treffen stellten wir uns vor über WhatsApp, ich war guter Dinge und freute mich auf die Begegnung mit den anderen Hunden und ihren Menschen. Aber dann kam Friedas erste Läufigkeit dazwischen. Auf dem Gelände saßen wir getrennt von dem Rest der Gruppe, und Frieda durfte nach dem Kurs auch nicht mit den anderen Hunden spielen.

Die Hundetrainerin war erstaunt, weil wir noch nie in einer Hundeschule gewesen waren und daher – ihrer Meinung nach – wichtige Dinge gar nicht kannten. Gut an diesem Besuch war, dass ich mir eine Leckerli-Tasche zulegte. Denn wir mussten „ganz besondere Leckerli“ mitbringen: Fleisch, Wurst und Käse, alles Lebensmittel, die es bei uns zu Hause normalerweise nicht gibt und die ich nicht einfach in meiner Jackentasche aufbewahren wollte. Geschockt war ich, als sie erzählte, wie das abliefe, wenn ein Rüde auf eine läufige Hündin sprang – ich hatte wochenlang Panik, dass uns das passieren könnte.

Ich erinnere mich noch gut an den Nachmittag, als ich die per Mail übersandten schriftlichen Unterlagen studierte, die wir bis zum nächsten Termin erarbeitet haben sollten. Als Feedback schrieb ich der Trainerin eine – wie ich dachte – freundliche Mail zu meinen Schwierigkeiten mit dieser „Theorie“ der Hundeerziehung. Daraufhin zahlte sie mir das Geld zurück, und wir brauchten nicht mehr zu kommen. Ich war dankbar, denn sie hatte mir damit die Entscheidung abgenommen. Fortan wollte ich meine wertvolle Lebens- und Freizeit (neben meinem Beruf) ausschließlich zum Wohle meines Hundes und unserer Mensch-Hund-Beziehung verwenden – nicht aber verwirrt und frustriert sein, wie ich es nach dem Besuch der Junghundegruppe war.

Dazu meine Gedanken: Hundeschule ade

Meine erste Hündin ist auch ohne Hundeschule zu einer tollen Hündin mit großer Ausstrahlung geworden. Trotzdem versuchte ich es und habe nun zwei Hundeschulen und zwei Hundetrainerinnen durch, von denen die eine sehr hilfreich war, als ich meinen Finger gebrochen hatte und ein Team von 6 Personen 4 Wochen lang mit Frieda Gassi gehen musste. Eigentlich wollte ich immer nur Hundegesellschaft für Frieda finden – erst als Welpe, und nun als Junghund. Denn für Friedas Erziehung habe ich vor allem das Welpenbuch von José Arce benutzt und gehe auch konform mit ihm, wenn er in seinem Buch „Liebe deinen Hund“ sagt: „Ich halte nicht viel davon, nur einmal in der Woche in die Hundeschule zu gehen und darauf zu vertrauen, dass der Hund dort alles lernt, was er können soll. Viel besser ist es meiner Meinung nach, den »Unterricht« zusätzlich in den Alltag zu integrieren, etwa beim Spazierengehen.“

Gestern aber fühlte ich mich verwirrt und frustriert nach unserem Besuch in einer Hundeschule, wo wir als „Aussätzige" behandelt wurden, nur weil Frieda (vielleicht) seit ein paar Tagen in der Vor-Läufigkeit ist, vor allem aber, weil wir noch keine Hundeschule besucht haben und ich daher weder ein Marker- noch ein Klickerwort nennen konnte. Auch mein „Frieda komm" für den Rückruf wurde als unpassend angesehen (es funktionierte aber schon all die Jahre bei Senta). Mein ehrliches Feedback an die zunächst nett wirkende Trainerin war wohl leider unpassend. Ich hatte u. a. geschrieben:

Ich weiß nur, dass meine Berner Sennenhündin Senta, die im Februar 2022 mit knapp 11 Jahren gestorben ist, mit mir ÜBERALL hingegangen ist, in Seminare, Lesungen, Restaurants, Cafés, Hotels, zu Freunden, und zu Hause immer ganz ruhig auf ihrer Decke lag, wenn Besuch kam (es gab nur 2 Ausnahmen, damit wollte sie mir wohl zeigen, dass ich vorsichtig bei diesen Personen sein sollte). Mit Senta habe ich nie eine Hundeschule besucht, keine Marker, Klicker oder sonstigen Signalworte gehabt (kannte ich nicht) und sie kam zu mir auf „Senta, komm".

Wir hatten José Arce 2016 zwei Tage bei uns, weil Senta nicht ins Auto einsteigen wollte – danach stieg sie ein und fuhr fortan überallhin mit. Vor unserem Umzug von Fehmarn nach Bamberg besuchten wir das Seminar von José Arce „Liebe deinen Hund" und lernten seine Methode des „strukturierten Spaziergangs" – damit sind wir dann in Bamberg prima klargekommen.

Und mit Frieda mache ich es ähnlich – nur dass ich jetzt die Welpenzeit ganz anders und sehr intensiv erlebt habe, da wir in einer Wohnung mit großer Terrasse wohnen, Senta aber auf Fehmarn einen großen Garten hatte. Ich habe mich an José Arces Welpenbuch orientiert, und an dessen Motto: „Die wichtigste Charaktereigenschaft, die ein Hundehalter braucht, ist Souveränität. Das wichtigste Gefühl: Intuition."

Hundeschule ade – heißt es nun für mich, nachdem ich gestern einer Freundin geschrieben hatte: Nun werde ich ein wenig relaxen – und weiter darüber nachdenken, ob Frieda – so wie Senta – von selbst ein toller Hund wird und wir beide eines Tages ein Dreamteam sind, oder ob ich erst das Hundeschulen-Abitur mit anschließendem Grundstudium machen muss.

Und das meint Frauke dazu

Natürlich braucht jeder Berner auch gleichaltrige Hunde, mit denen er spielen und rumtoben darf.

Am besten ist Bernergesellschaft, du glaubst es gar nicht, aber diese Rasse untereinander versteht sich immer. Einmal gesehen und sie spielen zusammen, als wenn sie sich jeden Tag sehen würden. Auch die Bernerbesitzer haben sehr schnell ein Gesprächsthema gefunden. Meistens wird über den Berner gesprochen und auch da finden sich ganz schnell Parallelen in den Erzählungen.

Du kannst natürlich auch andere Hunde als Kumpel haben und mit ihnen toben. Selbst bei einem kleinen Hund ist der Berner sehr vorsichtig und passt auf, dass der Kleine nicht kaputt geht. Ok, es gibt natürlich auch immer die Ausnahmen bei den Bernern, und so gibt es auch den Berner, der sich auf so einen kleinen Hund setzen würde, weil er ihn einfach „ups" nicht gesehen hat. Oder „ups" platt überm Herrchen liegt, so dass der kaum noch Luft bekommt. Der Berner ist sich natürlich keiner Schuld bewusst und kann auch diese ganze Aufregung gar nicht verstehen – er wollte doch nur etwas kuscheln.

Man kann natürlich auch nach einer Hundeschule Ausschau halten, die haben oft eine Welpenspielgruppe, wo du dann auch gleichaltrige Hunde treffen würdest. Es ist nicht jedermanns Sache, aber bevor der Hund gar keinen Artgenossen hat zum Toben, solltest du dir das einmal anschauen.

Begegnungen mit anderen Hunden

Da wir keine regelmäßigen Gelegenheiten hatten, die Begegnungen mit anderen Hunden zu üben und zu trainieren, kam es auf unseren Spaziergängen im Stadtviertel und im Hain immer wieder zu überraschenden Erlebnissen. Frieda ist ein sehr freundlicher Hund, und da sie in den ersten Wochen ihres Lebens mit neun Geschwistern und neun Halbgeschwistern, die nur eine Woche jünger waren, dazu fünf großen Berner Sennenhunden, zwei weiteren Hunden und vielen Pferden und Ponys aufgewachsen ist, fehlte ihr die Gesellschaft anderer

Tiere. Und so lief sie auf jedes Lebewesen zu, das wir trafen. Insbesondere natürlich auf andere Hunde.

Zuweilen besuchten wir auch die große Hundewiese im Hain, oder wir trafen andere junge Hunde, mit denen Frieda dann ausgiebig spielte – sofern deren Frauchen bzw. Herrchen das entspannt sahen. Die meisten freuten sich über diesen lieben Spielkameraden für ihren Hund und ich lernte viele nette Leute kennen.

Das änderte sich, als Frieda läufig und ich voller Angst war, ein Rüde könnte ihr zu nahe kommen. Ich fuhr zu verschiedenen Waldwegen und hoffte immer, dass wir dort niemanden treffen würden. Dabei lief es ganz friedlich ab, sofern unser Gegenüber auch entspannt war. Ein älterer Herr meinte: Wenn die beiden sich beschnüffelt haben, können wir einfach weitergehen. Da passiert doch gar nichts.

Dann trafen wir hier im Viertel eine Nachbarin mit ihrem Mini-Aussie, der gerne alle anderen Hunde anbellte – außer Frieda. Die beiden langen ganz entspannt, während wir uns unterhielten. Die Nachbarin gab mir dann den Tipp, zu dem Wanderparkplatz zu fahren, von wo aus wir bis heute spazieren gehen. Mehr dazu später.

Begegnungen mit Joggern, Fahrradfahrern, Fußgängern, Autos und anderen ungewöhnlichen Fahrzeugen

Wir wohnen in einem recht ruhigen Wohnviertel, das an den Hain angrenzt. Bald kannte ich die Zeiten, wenn die Schüler unterwegs waren – die mied ich nach Möglichkeit. Aber den zahlreichen Joggern, Fahrradfahrern und Fußgängern, die auf den Bürgersteigen unterwegs waren, konnten wir auf Dauer nicht ausweichen. Und so übte ich geduldig mit Frieda, diesen Personen ganz ruhig zu begegnen. Offenbar hatte sie manchmal Angst vor anderen Fußgängern, und hüpfte zu denen hin, so dass die einen Schreck bekamen. Die meisten Leute reagierten mit Humor.

Allmählich lernte ich, dass es in der Stadt Menschen mit einer Affinität zu Hunden und sogenannte „Hundehasser“ gibt. Manchen Menschen konnte ich es von weitem ansehen, was sie über meine süße

Berner Sennenhündin dachten. Und manche beschimpften uns auch lautstark mit Ausdrücken wie „dieser blöde Köter“ u. a., wobei ich mich bemühte, gefühlsmäßig neutral zu bleiben. Aber Frieda reagierte einfach mit der Intuition eines Hundes: Sie spürte offenbar sofort, wenn jemand negativ gestimmt war. Und dann hüpfte sie auf denjenigen zu, ohne ihn zu berühren. Aber der Schreck reichte natürlich, um weitere Schimpfkanonaden auszulösen. Bereits weiter oben habe ich die Studie erwähnt, nach der Hunde negative Menschen erkennen.

Auf Autos und Motorräder reagierte Frieda zunächst schreckhaft. Eine Zeitlang ging ich am Abend mit ihr durch das Viertel zu einer großen Wiese, neben der in einer ruhigen Stichstraße Autos parkten. Auf der anderen Seite war eine vielbefahrene Straße. Eines Abends sah sie im Dunkeln einen Mann, der zu seinem geparkten Auto ging und kurz darauf losfuhr. Sie riss sich los und raste hinterher – mein Rückruf funktionierte damals noch nicht gut, aber ging völlig ins Leere, weil auf der anderen Seite, jenseits der vielbefahrenen Straße, eine Frau mit ihrem Hund spazieren ging. Dorthin raste Frieda, und nur mit Mühe konnte ich sie wieder an die Leine bekommen. Das war das letzte Mal, dass ich im Dunkeln mit ihr dorthin ging. Ich suchte andere Wege über ruhige, gut beleuchtete Straßen mit wenig Fußgängern, und das ging auch eine Weile ganz gut. Bis ich eines Abends merkte, dass Frieda sehr schreckhaft reagierte, als eine Frau und ein Kind plötzlich aus dem Dunkeln auftauchten.

Fortan gingen wir in der Mittagszeit durch unser Viertel, und wir übten, Rücksicht zu nehmen auf alle Personen, denen wir begegneten. Bis zu dem Tag, als Neuschnee die vorher eisglatte Straße bedeckte. Ein Schneeräumfahrzeug kam auf dem Bürgersteig angefahren, Frieda geriet in Panik, ich versuchte, sie an der Leine zu halten – und schon fiel ich der Länge nach hin auf der glatten Straße.

Von nun an fuhr ich mit ihr nicht nur morgens, sondern auch mittags in den Wald. Darüber berichte ich später noch.

Dazu schreibt Frauke

Alles, was sich bewegt, ist ein Anreiz für einen Hund. Es bewegt sich, und ein Hund möchte der Bewegung hinterher hüpfen.

Es ist ein Spiel für den Hund.

Das erklär aber mal einem Jogger, der an dir vorbeiläuft und vom Hund plötzlich angesprungen wird. Also musst du es üben und deinem Hund beibringen, dass Jogger vorbeijoggen können oder ein Fahrradfahrer vorbeifahren kann.

Der Berner ist ein Wach- und Hütehund, kein Jagdhund und hat nicht so viel Interesse daran, jemandem nachzujagen. Natürlich ist da noch der Spieltrieb bei einem jungen Berner, dem es einfach Spaß macht, hinterherzurennen.

Du kannst den Hund mit einem positiven Verstärker von der Situation ablenken und so die Sache in Griff bekommen.

Kontakt mit Besuchern und Kindern: Darf ich den mal streicheln?

In Fraukes WhatsApp-Gruppe haben wir mal diskutiert, ob unsere Hunde „fremdeln". Offenbar sind sie scheu gegenüber ganz Fremden, insbesondere gegenüber Männern, die sie in ihren ersten Lebenswochen weniger erlebt haben als Frauen. Vielleicht ist es auch eine Eigenschaft des Hütehundes, sein Frauchen und seine Wohnung zu beschützen.

Wenn Fremde, z. B. Handwerker, zu uns kommen, bellt Frieda erst einmal. Beim zweiten Besuch ist das dann ok. Unsere Freunde kennt sie, da freut sie sich sehr, wenn die mit dem Aufzug zu uns nach oben kommen. Auch die Putzfrauen, die regelmäßig kommen, bellt sie nicht mehr an. Und auf der Dachterrasse oder in der Diele bellt sie, wenn ein anderer Hund unten auf der Straße vorbei geht oder im Treppenhaus ist. Dazu haben wir eine kleine Übung, mit der bringe ich sie zur Ruhe: Ich sage: „Psst leise", sie setzt sich hin und bekommt ein Leckerli. Und nachdem sie nun zwei Jahre alt ist, klappt das immer besser, dass sie ruhig bleibt.

Hier bei uns im Haus wohnen mehrere Kinder, denen habe ich gezeigt, dass sie Frieda nicht einfach auf den Kopf greifen dürfen oder streicheln, sondern ihr erst einmal ihre Hand zum Beschnuppern entgegenhalten müssen. In unserem Viertel ist Frieda „der schönste Hund des ganzen Viertels“, und als sie Welpe war, wollte sie jeder anfassen. Ich finde, das muss nicht sein – ein Hund ist kein Spielzeug. Man kann wenigstens fragen, ob man ihn streicheln darf – und dann sage ich immer: wenn Frieda das möchte. Denn oft möchte sie einfach nicht von ganz Fremden angefasst werden. Und es erscheint mir auch so wie bei den Begegnungen mit Passanten: Sie sucht sich die Personen aus, mit denen sie Kontakt haben möchte.

Draukes Tipps dazu

Oh ist der süß … Wenn du mit so einem Wollknäuel durch die Straßen gehst oder in einen Laden kommst, dann wollen alle dieses Wollknäuel anfassen und kuscheln.

Für den Besitzer ist das immer total schrecklich und nervig, aber im Grunde solltest du auch froh sein, wenn der Welpe und später der Junghund keine Probleme hat, auf Menschen zuzugehen und sich, gerade von Kindern, anfassen lässt. Natürlich nur, wenn der andere gefragt hat, ob er den Kleinen einmal anfassen darf.

Ich habe leider die Erfahrung gemacht, dass der Berner auch mal schnell überfordert ist, wenn ihn zu viele Leute anfassen wollen.

Du musst immer schauen, dass du ein gesundes Mittelmaß findest.

Es ist gut, wenn der Welpe in den ersten Monaten viel kennenlernt und mit vielen Menschen Kontakt bekommt. So lernt er, vor nichts Angst zu haben, und dass Menschen ihm nichts tun.

Trotz alledem darfst du den Junghund/Welpen nicht überfordern und musst immer schauen, dass alle Begegnungen im Rahmen bleiben. Ich sag immer zu meinen Kunden: Alles, was der Welpe gleich lernt, lernt er fürs Leben.

Wichtig finde ich, dass der Berner auch immer einen Rückzugsort hat, wenn so viel Neues auf ihn einwirkt, damit er sich zurückziehen und zur Ruhe kommen kann.

Alle wollen das neue Familienmitglied kennenlernen, wieviel kann ich dem Welpen zumuten, es gibt so viel zu entdecken und dann noch so viele Menschen.

Ein Welpe kann mehr ab, als du denkst. Nur nicht in Watte packen. Wenn Oma und Opa immer kommen, dann sollten sie auch jetzt kommen oder die Patentante. Man sollte sich nicht schützend vor den Welpen stellen, sondern immer offen mit ihm auf die Leute zugehen und dem Welpen zeigen, dass alles in Ordnung ist.

Es gibt natürlich auch mal Welpen, die schüchterner sind, aber auch die solltest du nicht in Watte packen, sondern natürlich und locker an alles rangehen.

Du bist für den Welpen jetzt das Vorbild, die Ersatzmama. Gehst du selbst mit neuen Situationen locker um, dann macht der Welpe das auch. Dein Welpe merkt Unsicherheit, Angst und Unruhe. Sobald du z. B. ängstlich auf etwas zugehst, dann schaut der Welpe sich das ab, bzw. merkt sich das, übernimmt das Verhalten und stellt sich hinter dich. Also immer ran und zeig deinem Welpen alles, lass ihn alles kennenlernen.

Der große Schock – Anti-Giftköder-Training

Im Juli 2023 passierte etwas Schreckliches: Eine junge Berner Sennenhündin aus unserer Facebookgruppe hatte einen Giftköder gefressen und wurde wochenlang in einer Klinik behandelt. Letztlich hat sie überlebt, aber der Schock saß tief bei mir. Ich recherchierte im Internet und begann dann sofort mit Frieda ein „Anti-Giftköder-Training".

Ganz ehrlich, ich hatte mich zwar immer geärgert, dass Frieda wie ein „Müllschlucker" alles in die Schnauze nahm, was draußen herumlag – aber bis zu dem Schock war mir die Brisanz nicht bewusst und ich wusste auch nicht, dass es so etwas wie ein „Anti-Giftköder-Training" gibt. Denn einen Maulkorb als Prävention aufzusetzen, fand ich nicht besonders sinnvoll.

Da du vielleicht genauso „ahnungslos" wie ich in dieser Hinsicht bist, beschreibe ich mal, was ich mit Frieda gemacht habe. Und zwar habe ich – neben vielen kostenpflichtigen Online-Workshops – eine einfache Methode im Internet gefunden.

Die erste Übung klappte gleich ganz gut: Frieda darf NICHTS vom Boden nehmen, also auch das Leckerli nicht – ich sage „Pfui"! Als Belohnung bekommt sie ein „Superleckerli" (das sind bei uns getrocknete Entenfiletstreifen). Das hat sogar schon mit der Kaustange geklappt, die ich ihr vom Einkaufen mitgebracht habe. Die habe ich auf den Boden gelegt und sie hat sie tatsächlich nicht angerührt. Jetzt heißt es üben, üben, üben, überall dort, wo wir hingehen.

Ich habe dann lange diese erste Übung mit ihr gemacht, auch auf der Straße und im Wald, und gleichzeitig mit ihr geübt, zügig mit mir zu gehen, ohne die Schnauze dauernd auf dem Boden zu haben. Mit kurzer Leine und vielen Leckerli. Dabei rede ich dauernd mit ihr: „Liebe Frieda, brave Frieda“, sogar wenn sie mal ausbrechen will und an mir hochspringt, immer wieder lobe ich sie und gebe Leckerli. Und wenn sie etwas vom Boden nehmen will, sage ich „pfui“. Und dann sage ich den kleinen Spruch „Nichts vom Boden, Nase oben“ und gebe ihr ein Leckerli. So bekam sie ziemlich viele von ihren Lieblingsleckerli Entenfiletstreifen.

Das wirkte auf die Dauer, ein Hund ist ein Gewohnheitstier. Nach einer Woche Achtsamkeit nahm Frieda nichts mehr vom Boden auf. Auch in der Stadt hat sie seitdem keine Tempotücher und anderen Müll mehr aufgehoben und gefressen. Ich glaube, das zügige Miteinandergehen, Seite an Seite, ist das Wichtigste. Und das haben wir gelernt in den wenigen Tagen.

Im Kommentar zur zweiten Übung heißt es auf der Website:

„Verständlich, wenn du panisch schreist, sobald dein Hund etwas im Gebüsch verschlingt. Dennoch solltest du dir diese spontane Reaktion abgewöhnen, denn damit verleitest du deinen Hund dazu, nächstes Mal das Gefundene noch schneller zu verschlingen, und dich selbst als Störenfried und Spielverderber zu codieren.“

Erst vor kurzem hatten wir ein Erlebnis: Auf einem gemeinsamen Spaziergang mit einer Hundefreundin hatte Frieda plötzlich einen Futtersack im Gebüsch gefunden. Ehe ich mich versah, versuchte die Freundin, ihr den aus dem Mäulchen zu ziehen. Als ich dazu kam, verschwand gerade der Rest des Futtersäckchens in ihrem Schlund. Zum Glück kam das Futtersäckchen unverdaut am übernächsten Morgen wieder heraus, es war offenbar mit Entenfiletstreifen gefüllt gewesen, die sie so gerne mag.

In der 3. Übung geht es dann um das Training des Tauschens, wenn der Hund etwas gefunden hat, was er nicht hergeben möchte. Das trainieren wir immer in der Wohnung, wenn Frieda wieder etwas stibitzt hat: ein Geschirrtuch, einen Stift u.v.m. Das „Tauschen“ klappt inzwischen gut bei uns.

Frieda wird erwachsen – Entspannung

Als die Zeit der Läufigkeit vorbei war, entspannte ich mich bei Begegnungen mit anderen Hunden. Dann sah ich am Parkplatz eine Frau mit zwei Hündinnen, ich sagte mir, wir wollen ihnen ganz entspannt begegnen. So war es auch, die Frau wollte nach rechts auf den Waldweg und ich nach links – einen kurzen Moment war ich vielleicht zu entspannt und unaufmerksam – Frieda riss nach hinten an der Leine und ich stürzte rückwärts auf den harten, mit Schotter bedeckten Weg.

Ich hatte mich mit dem linken Handgelenk abgestützt, und merkte, wie es weh tat. Trotzdem gingen wir unsere Runde – ich führte Frieda mit der rechten Hand und bewegte vorsichtig die linke Hand. Erst als wir zu Hause waren, begann das Handgelenk anzuschwellen, ich kühlte es und hoffte, dass es nur verstaucht, nicht gebrochen wäre. Im Laufe der nächsten Tage ging die Schwellung zurück und der linke Unterarm leuchtete in verschiedenen Farben – anscheinend hatte ich mir den Unterarm auch geprellt. Zum Glück war es kein Bruch.

Allmählich begann ich, Frieda mal wieder von der Leine zu lassen. Erst wollte sie gar nicht, sondern kam direkt zu mir und ich nahm sie wieder an die Leine – nach den sieben Wochen der ersten „scheinbaren" und der zweiten tatsächlichen Läufigkeit hatten wir beide uns daran gewöhnt, immer an der Leine zu gehen. Und es ging auch gut.

An einem Sonntag war Frieda nach einer Begegnung mit einem netten Labrador-Aussie-Mix-Rüden in „gehobener Stimmung" – sie zog mich einen kleinen Hügel hinauf, am Kaiserlich-Bayerischen Eisenbahnbrunnen, und da ich etwas Angst hatte, mit ihr an der Leine wieder hinunterzugehen, ließ ich los. Und schon war sie weg – in der Wildnis hinter dem Brunnen, wo es ein modrig wirkendes Gewässer gab. Eigentlich wollte ich aufpassen, dass sie nicht mehr in stehende Gewässer im Wald ging, nachdem sie mal nach einem Bad in einem solchen Gewässer krank gewesen war. Aber nun ließ es sich nicht mehr ändern. Sie kam wieder heraus, nass und ziemlich schmutzig.

Zu Hause gab es dann erstmal eine „Duschorgie" – Frieda saß ganz brav in meiner bodengleichen Dusche und ließ sich abduschen – das braune Wasser floss ab, aber hinterher waren die weißen Fliesen an den Wänden vollgespritzt, wie auch der Ständer mit den sauberen Handtüchern. Denn ein nasser Berner Sennenhund schüttelt sich nun mal – das tat sie auch, als ich sie zum Trocknen auf die Terrasse führte. So waren dann auch die frisch geputzte Terassentür und die frisch gewaschenen Gardinen schmutzig.

Nachdem ich das Bad geputzt hatte, duschte ich erstmal selbst – und dann wusch ich den ganzen Sonntag. Frieda hat das Abenteuer zum Glück heil überstanden, sie bekam weder Durchfall noch eine Bindehautentzündung, so wie nach dem letzten Bad im Wald.

Ein paar Tage später schien Frieda ziemlich wild. Wir hatten ja schon lange eine große Hitzewelle, und am Nachmittag zuvor hatten wir einen schönen Ausflug zur Giechburg gemacht. 530 m hoch – mit herrlichem Ausblick über die Fränkische Toskana, das Bamberger Land bis zum Steigerwald und in der anderen Richtung zum Thüringer Wald. Wir hatten weiter unten auf einem Wanderparkplatz geparkt und sind zur Burg hoch gelaufen – Frieda hat mich toll gezogen. Sie ist eben ein Berghund! Und auf den verschiedenen Stufen und Treppchen der Burg war sie sehr vorsichtig – ich musste sie ja die ganze Zeit an der Leine halten. Am Abend waren wir dann beide recht müde und haben uns auf der Dachterrasse erholt.

Jedenfalls schien sie an diesem Morgen voller Energie und ich ließ sie los, um nicht ins Gehölz gezogen zu werden. Sie machte dann bald ihr Geschäft und raste herum – mit „180 Sachen", wie ich immer sage. Sie kam auf mich zu gerannt, aber statt auszuweichen, prallte sie an mich und ich stürzte – schrie aber ganz laut, damit sie wusste, dass das nicht richtig war. Ich habe mich mit dem linken Handgelenk abgestützt, irgendetwas war im Brustbereich geprellt, es tat beim Atmen und Husten etwas weh. Das Handgelenk war wohl unversehrt, schmerzte aber mehr als vorher – der Schmerz war ja schon fast abgeklungen.

Ich nahm sie an die Leine und wir gingen schweigend zum Auto zurück. Sie hat wohl gemerkt, dass das nicht richtig war, und zu Hause wirkte sie fast schuldbewusst. Ich dachte darüber nach, dass der Orthopäde am Freitag gemeint hatte, ob ich den Hund nicht lieber abgeben wollte, wenn ich dauernd stürzte. Na ja, „dauernd" war es ja nicht, dies war erst der dritte (und letzte) Sturz in einem halben Jahr. Und ich hoffte, dass alles wieder glimpflich verlaufen und die Schmerzen schnell vergehen würden.

Frieda war jetzt fast erwachsen, sie hatte eine Kraft und Stärke, die sie wohl auch austesten musste. Und ihr Gewicht war ja auch nicht ganz „ohne" – vor Wochen wog sie bereits über 30 kg, jetzt wahrscheinlich noch mehr.

Aber sollte ich jetzt aufgeben?

Erst in der letzten Woche hatte ich notiert: Und dann kam irgendwann der Zeitpunkt, wo ich aufhörte, Hundebücher zu lesen. Wir leben miteinander und es bilden sich Gewohnheiten und Routinen heraus. Für vieles finde ich nun eigene Lösungen, Frieda versteht mich immer besser, und ich verstehe Frieda immer besser. In wenigen Tagen wird Frieda ein Jahr alt, und das Schlimmste haben wir doch jetzt sicher überstanden.

Hatte der Arzt recht? Wäre nicht ein kleinerer Hund besser für mich gewesen? Schon damals, bei Senta, hatte man uns ja oft gefragt: Warum haben Sie eigentlich einen so großen Hund gewählt?

Es war mit Senta ja auch nicht immer alles so einfach, vor allem, als sie dann mit gut 50 kg ausgewachsen war. Die konnte ich auch nicht mehr halten oder von der Stelle ziehen, wenn sie es nicht wollte. Aber es war eine glückliche Mensch-Hunde-Beziehung. Und das möchte ich mit Frieda auch erleben.

Wenn ich all das vorher gewusst hätte – ich hätte alles wieder genauso gemacht.

Ich hatte dann ein langes Gespräch mit einer älteren Frau, die eine neun Wochen alte Berner Sennenhündin hatte. Ich erzählte ihr von meinen Erfahrungen – und ich habe ihr gesagt, dass alle Entwicklungsphasen nur vorübergehend sind. Irgendwann wird alles besser.

So ist Frieda plötzlich stubenrein geworden. Pipi machte sie seit Beginn der ersten Läufigkeit nicht mehr in der Wohnung. Und Kaki machte sie immer wieder mal auf der Terrasse, bis mir klar wurde, dass es für sie ganz „normal" war, weil sie das ja immer durfte. Dann gab es ein paar Abende, wo ich einen Film im Fernsehen anschaute und sehen konnte, dass Frieda auf die Terrasse machte – eine halbe Stunde, bevor wir Gassi gehen wollten. Ich habe nicht geschimpft, sondern bin aufgestanden von meinem Film und habe es sauber gemacht. Ja, und dann war es plötzlich vorbei. Frieda macht nicht mehr auf die Terrasse. Sie ist erwachsen geworden. Nun werde ich im Wald darauf achten, dass sie mich nicht wieder umrennt. Wir werden jetzt erst einmal eine Zeitlang diszipliniert an der Leine gehen.

Allerdings muss sie ja auch die Freiheit üben. So trafen wir neulich im Wald einen Arzt mit zwei Hunden, den wir vor vielen Wochen kennengelernt hatten. Seine beiden Hunde laufen grundsätzlich frei, und ich ließ Frieda auch los von der Leine. Es war eine schöne Hunde-

und Menschenbegegnung. Als wir weitergingen – in entgegengesetzte Richtungen – lief Frieda zunächst mit den anderen mit, kam aber dann auf Zuruf direkt zu mir angerannt. Nun muss ich noch üben, dass sie rechtzeitig bremst, bevor sie mich wieder umrennt. Damals lief sie an mir vorbei und wendete nach einer angemessenen Strecke. Rannte aber wieder so schnell. Sie muss es lernen, dass sie gelassen auf mich zugelaufen kommt und rechtzeitig bremst. Dann kann nichts mehr passieren. Also üben wir weiter – und ich gehe auch mal in Deckung hinter einem Baum!

Und das schreibt Frauke dazu

Du glaubst es gar nicht, wie schnell diese Bärchen wachsen. Als Züchterin gebe ich die Kleinen mit neun Wochen ab, und da wiegen sie schon zwischen 8 und 9 kg. Es ist unglaublich, aber die Kleinen nehmen ungefähr ein Kilo pro Woche zu.

Es heißt immer, ein Berner wächst das erste Jahr in die Höhe und das nächste Jahr in die Breite. Und dann sind sie ausgewachsen. Also vom Körper her, vom Geistigen her bleiben sie immer kleine Kuschelbären, die im falschen Körper groß werden.

Jeder Berner Besitzer kann das bestätigen, die Berner denken bis ins hohe Alter, dass sie kleine Hunde sind und auf jeden Schoss passen. Egal, wie groß und wie schwer sie sind. Ihnen gehört auch immer das Sofa, auf alle Fälle denken sie das. Und bei manchen Berner Besitzern hat der Berner auch ein eigenes Sofa, weil sie aufgegeben haben oder gerne ein Sofa für sich haben wollen.

Auch beim Bett versuchen sie es. Da musst du wirklich hart bleiben, und da sind auch alle Berner gleich. Sie versuchen es wirklich immer und du musst aufpassen, dass du nicht verlierst oder du braucht später ein größeres Bett …

Vieles wird einfacher, wenn sie groß werden. Du kannst die Schuhe ab einem bestimmten Alter wieder im Flur stehen lassen, ohne dass du sie später suchen musst.

Mit der Zeit und den Jahren wirst du ein super Team mit deinem Berner!

Scheinschwangerschaft und Kastration

Am 21. Mai 2023 wurde Frieda „normal“ läufig, also mit heftiger Blutung – nachdem der Tierarzt bereits am 25. April festgestellt hatte, dass sie in der „deckbereiten Phase“ war. Wir waren wochenlang miteinander an der Leine gegangen, dann begann ich, mich zu entspannen.

Danach wurde es aber besser und ich plante die Kastration. Nach dem Rat einer guten Bekannten wollte ich das minimal-invasiv machen lassen und meldete Frieda in einer Nürnberger Tierklinik an. Denn im heißen Sommer sollte sie nicht 10-12 Tage lang mit einem Body/Trichter laufen müssen.

Der Zufall wollte es, dass sie einen Knubbel unter dem Auge hatte und ich mit ihr zu unserem Tierarzt ging. Dem erzählte ich von der geplanten Kastration, und nach einem ausführlichen Gespräch entschloss ich mich, die Kastration ganz „normal“ von unserem Tierarzt durchführen zu lassen. Das planten wir für Anfang August, weil die Termine vorher nicht passten. Er sagte, dass sie bei einer „normalen“ OP nicht 10 Tage mit einem Body/Trichter laufen müsste.

Den Termin in der Nürnberger Tierklinik sagte ich ab und war richtig erleichtert: Die OP dort hätte etwa doppelt so viel wie beim Tierarzt gekostet, und ich hätte schon sehr früh mit Frieda dorthin fahren müssen – sie dort abgeben, wo ich niemanden kannte, und am Nachmittag wieder abholen. Unser Tierarzt hat seine Praxis fünf Minuten von unserer Wohnung entfernt, wir können dahin laufen, und zu ihm habe ich großes Vertrauen.

Als der Termin der Kastration nahte, machte ich mir Gedanken, wie ich Frieda morgens um 8 nüchtern in die Praxis bringen könnte. Doch dann geschah ein „kleines Wunder“: Frieda hatte ein wenig Durchfall, ich rief in der Tierarzt-Praxis an und wir verschoben die OP um drei Tage. Und dann las ich in der Geschwistergruppe, dass eine Halbschwester von Frieda schon seit vier Wochen nicht mehr richtig fraß, woraufhin sie in der Tierklinik untersucht wurde. Ergebnis: Scheinschwangerschaft! Inzwischen waren die Anzeichen auch bei Frieda sehr klar: Sie fraß nicht mehr so richtig und sie schleppte alle ihre Stofftiere dauernd mit sich herum.

So verschoben wir die Kastration auf unbestimmte Zeit, denn im September wollte ich mit ihr zum ersten Mal nach Armentarola fahren, da wollten wir vorher kein OP-Risiko eingehen.

Nach einer Nacht, in der Frieda getobt hatte, nicht schlafen konnte und die Erde aus den Kübeln auf der Terrasse gewühlt hatte, wollte ich den Tierarzt bitten, ihr ein Medikament zu verschreiben, sah dann aber davon ab. Schließlich ist die Scheinschwangerschaft ja ein Zustand, keine Krankheit. Und ein Zustand würde wieder vergehen.

Am nächsten Tag war sie wieder sehr friedlich. Einen Abend lang hat sie nur gehechelt, ich habe mich mit ihr aufs Sofa gesetzt, wir haben gekuschelt und sie wurde allmählich ruhiger. Ich hatte den Eindruck, dass sie das sehr genießt, mit mir auf dem Sofa zu sitzen.

Inzwischen fraß Frieda wieder gut – ich habe sie natürlich ziemlich verwöhnt: Mittags Hackfleisch mit geriebenem Apfel, den Hüttenkäse von mir aus der Hand, abends Hühnchen mit Reis und morgens Zwieback mit Leberwurst. Knabberartikel hatte sie sowieso immer gefressen, ebenso Leckerli. Und Weidelamm, was sie immer gerne mag, hat sie auch aus meiner Hand gefressen, die ganze Portion.

Frieda spielte mit all ihren Stofftieren und schlief viel. Dann sagte mir jemand, man müsse dem Hund die Stofftiere wegnehmen und dürfe nicht kuscheln. Und viele geben Medikamente oder Globuli. Ich konnte daran nichts Schlimmes erkennen, dass sie mit all ihren Stofftieren spielte und sie herumschleppte.

Ich erinnerte mich an Senta. Damals hatte ich gar keine Ahnung von Hunden, und machte mir bei Sentas Scheinschwangerschaft auch keine Gedanken. Senta lag dann immer mit ihren Stofftieren im Körbchen, sie buddelte die vergrabenen Brötchen im Garten aus und irgendwann war es dann auch vorbei. Es ist ja keine Krankheit, sondern ein „Zustand".

So ging ich auf meinem Kurs weiter, auch wenn Frieda im Wald immer wieder einige Tobe-Anfälle hatte und mich auch angesprungen hat. Aber ich konnte sie immer wieder zur Ruhe bringen, und sie ist dann ein paar Runden gerannt. Sie buddelte auch gerne in der Erde, und sprang danach ganz aufgeregt hoch. Dabei „vergaß" sie häufig, Pipi und Kaki zu machen.

Wir liefen viel im Wald, aber das Wetter war zu dieser Zeit ziemlich „anstrengend": recht warm, dann regnete es in Strömen, dann gab es Gewitter, und plötzlich war es wieder ganz heiß und Frieda mochte nicht laufen. Auch mir war es zu viel, dieses Auf und Ab des Wetters – das wirkte sich auf Menschen wie auf Tiere aus.

Die Kastration hatte ich nun endgültig auf die Zeit nach dem Urlaub verschoben. Denn ich wusste ja nicht, wie lange dieser Zustand der Scheinschwangerschaft noch dauern würde. Ich probierte es mal, ihr die Stofftiere wegzunehmen, räumte sie in den Spielzeugkorb, und sie versuchte nicht, die wieder herauszuholen.

Die Tobe-Anfälle von Frieda auf unseren Spaziergängen waren ziemlich heftig. Wie aus heiterem Himmel fing sie damit an, obwohl ich ganz bewusst entspannt und an lockerer Leine mit ihr ging.

Sie wirkte dann wie „fremdgesteuert". Sie riss sich los und raste ein paar Mal im Kreis herum, ehe sie ihr Häufchen machte. Danach beruhigte sie sich wieder und wir beendeten unseren Spaziergang wie ein „Dreamteam", entspannt, mit lockerer Leine und ohne weitere Tobe-Anfälle.

Unser Tierarzt meinte, dass das Springen und Toben beim Spaziergang gar nichts mit der Scheinschwangerschaft zu tun hätte. Ein Medikament oder Globuli würde er ihr nicht geben. Er empfahl Leinsamenschleim, damit sich der Darm wieder erholte. Und er meinte auch, ich solle die Kastration ruhig noch ein wenig hinausschieben, bis nach meinem Urlaub.

Ich wollte schon bei Naturavetal ein Mittel bestellen, das ich Frieda schon mal zur Wiederherstellung der Darmflora nach Durchfall gegeben hatte. Ich sah dann noch ein anderes Mittel auf der Website und kam auf die Idee, die Ernährungsberaterin der Futtermittelfirma anzurufen.

Ich erzählte ihr von unseren Problemen – Scheinschwangerschaft und vielleicht zu starke Führung beim Anti-Giftködertraining – und im Gespräch wurde es immer klarer: Die Probleme beim Spaziergang hatten nichts mit der Scheinschwangerschaft zu tun. Die schien dann auch abzuklingen. Zur Ernährung meinte sie: Frieda hatte beim Fressen „gemäkelt" und bekam alles Leckere, was sie sonst nicht bekam: Entenfiletstreifen so viel sie wollte, Leberwurst auf Zwieback, in kleinen Häppchen von Frauchen verabreicht, Käsestückchen, Rinderhack, Hähnchenfilet mit Reis, dazu so viele Kauartikel, wie sie mochte. Alles nach Wunsch, und als sie einmal das „Weidelamm", eigentlich ihr Lieblingsessen, nicht anrührte, hat sie es von Frauchen Stück für Stück aus der Hand bekommen, genau wie neulich auch den Hüttenkäse, den sie liegen gelassen hatte. Wie schön, diese Zuwendung!

Der ungewohnte Fleischanteil, dazu die fette Leberwurst, all das war nicht besonders förderlich für Friedas empfindliches Verdauungssystem. Und wenn sie sich unwohl fühlte, kam diese „Übersprungshandlung" beim Spaziergang, vielleicht auch ein wenig dem Flegelalter zugehörig! Dazu eine viel zu große Energie, die ich ja zu Beginn der Spaziergänge manchmal deutlich spürte, und durch die sie sich Luft machte durch das heftige Springen und Toben.

Die Ernährungsberaterin empfahl mir, wieder zum „normalen Essen" überzugehen, ihr den Napf hinzustellen und für 15 Minuten den Raum zu verlassen. Statt des gewohnten Hähnchen-Menus bestellte ich eins mit Rind, so würde der „Neubeginn" etwas attraktiver für Frieda.

Am Abend waren wir noch im Wald, haben einen friedlichen Spaziergang ohne Tobe-Anfall gemacht. Sie hat Pipi und Kaki gemacht, und als wir zu Hause waren, habe ich ihr eine halbe Portion Weidelamm aufgeschnitten in ihren Napf getan. Ich ging ins Büro, um das Handy zu holen, für ein Foto – aber als ich eine Minute später zurückkam, hatte sie bereits mit großem Appetit alles aufgefressen!

Ich glaube, das war der Beginn unserer neuen Normalität!

Mein Entschluss stand nun fest: Nach einer sehr langen ersten Läufigkeit und einer anstrengenden Scheinschwangerschaft wollte ich sie auf Anraten unseres Tierarztes kastrieren lassen.

Sie war weiterhin sehr anhänglich, ich habe öfter mal gesagt, ich möchte jetzt meine Ruhe haben. Sobald ich gemütlich im Sessel saß, wollte sie auf meinen Schoß, auch wenn sie schon lange nicht mehr draufpasste. Und das macht sie auch heute noch …

Frauke meint dazu

Das habe ich bis jetzt noch nicht gehabt. Daher kann ich zu dem Thema gar nichts sagen.

Und dann endlich die Kastration

Durch Diskussionen in Hundegruppen auf Facebook, durch Internetforen und Gespräche mit Bekannten kannst du leicht verunsichert werden, wie du dich entscheiden sollst.

Meine Empfehlung: Lass dich nicht beirren – ich habe dort nichts gepostet. Meine Frieda wurde im Oktober kastriert und hat es prima überstanden. Am Morgen brachte ich sie in die Praxis und blieb so lange bei ihr, bis die erste Beruhigungsspritze wirkte. Am Nachmittag konnte ich sie schon abholen, sie brauchte tatsächlich keinen Body oder Trichter zu tragen. Die Naht war inwendig angelegt, so dass Frieda nicht daran lecken konnte. Der Tierarzt hatte mir auch keine Salbe gegeben, weil er sagte, dann würde der Hund die ablecken. Am dritten Tag schien die Wunde zu jucken, da habe ich ein wenig Manuka-Wundspray darauf gesprüht.

Wir durften 10 Tage nicht im Wald spazieren gehen, auch baden durfte Frieda nicht. Nach einer Woche strotzte sie bereits vor Energie, da wir ja immer nur kurze Spaziergänge an der Leine im Stadtviertel gemacht hatten. So gingen wir am zehnten Tag zum Tierarzt, der die „Freigabe" erteilte – und fuhren danach gleich in den Wald, wo Frieda mal wieder so richtig rennen konnte!

Letztlich habe ich meine Entscheidung für die Kastration selbst getroffen, nachdem ich mit unserem Tierarzt noch einmal darüber gesprochen hatte.

Er sagte mir, dass das Tierschutzgesetz die Entnahme intakter Organe verbietet, es allerdings in Bezug auf Kastration auch eine Ausnahme gibt. FÜR die Kastration spricht die Gefahr der ungewollten Deckung, die Gefahr von Gebärmutterentzündung und die Gefahr von Gesäugekrebs.

Meine Gründe waren: Frieda hatte eine extrem lange Läufigkeit, ich hatte sogar die Deckfähigkeit beim Tierarzt testen lassen, weil ich solche Angst hatte wegen ungewollten Deckens. Denn in unserer unmittelbaren Nachbarschaft gab es unkastrierte Rüden – im Wald sowieso. Die heftige Blutung dauerte fast drei Wochen – ich hätte dann jeden Urlaub absagen müssen.

Ganz schlimm war die Scheinschwangerschaft, die wochenlang andauerte. Das wollte ich meiner Hündin ersparen – und mir auch.

Mein wichtigster Grund aber war: Meine Senta hatte mit fünf Jahren eine Gebärmutterentzündung, als wir zu unserem ersten Urlaub in Südtirol ankamen – zum Glück ging die Flüssigkeit nach außen, sonst wäre sie gleich gestorben. Und ein Tierarzt vor Ort hatte sie in seine Praxis genommen und operiert. Davon hat sie sich gut erholt. Seitdem war sie auch kastriert und ich brauchte keine Ängste mehr zu haben.

Du musst deine Entscheidung selbst treffen!

Und das meint Frauke dazu

Beate rief mich damals an und fragte, was ich vom Kastrieren halte. Ich finde, dass ist etwas, das muss der Hundebesitzer selber entscheiden. Natürlich kannst du fragen, was andere Leute meinen, aber bei dem Thema kannst du 10 Leute fragen und du bekommst 10 unterschiedliche Meinungen. Das ist ein ganz heißes Thema. Ich will züchten, deshalb stellt sich für mich nicht die Frage, ob ich meine Berner kastrieren möchte, solange sie noch im zuchtfähigen Alter sind.

Meine Nike wird jetzt im August kastriert, weil sie in Rente geht und nicht mehr für die Zucht „zur Verfügung" steht. Sie wird im Januar 8 Jahre alt und hat mir viele gesunde und schöne Welpen zur Welt gebracht. Ich lasse sie kastrieren, denn ich möchte sie gerne weiterhin im Rudel behalten. Und es wäre sonst auch für Phil eine Quälerei. Viele Rüden, und da gehört auch Phil dazu, fahren mit den Hormonen so hoch, dass sie nicht mehr klar im Kopf sind, nicht mehr fressen können und echt heulen, wenn die Nachbarshündin läufig ist.

Emma ist auch kastriert und das war keine Frage für mich. Sie ist mittlerweile ein geprüfter Rettungshund in der Fläche und ich möchte gerne, dass sie mit im Rudel lebt. Auch hier ist es einfacher für Phil und mich, wenn sie kastriert ist.

Kalli ist ein Tierschutzhund, und bei Hunden aus dem Tierschutz ist oft die Bedingung, dass diese Hunde kastriert werden, um eine Vermehrung auszuschließen.

Meinen ersten Berner Rocky habe ich kastrieren lassen, nachdem wir es erstmal mit einem Kastrationschip probiert haben. Rocky ist stiften gegangen, und zwar schneller, als ich schauen konnte, war er unterwegs zur nächsten läufigen Hündin. Und da mein Hof damals nicht eingezäunt war und ich keinen Kettenhund haben wollte, habe ich ihn, nachdem sein Verhalten sich mit dem Chip total geändert hatte, kastrieren lassen. Ich kann es nur empfehlen, wenn du eine solche Problematik hast wie ich.

Es gibt manchmal den gesundheitlichen Aspekt, gerade wenn die Hündin zu einer Scheinschwangerschaft neigt oder wenn sie keinen Eisprung hat, dann ist es sinnvoll, diese Hündin aus gesundheitlichen Gründen kastrieren zu lassen.

Aber warum, wenn das nicht so ist …

Ich denke, du solltest auch die Psyche des Hundebesitzers sehen, gerade in der Läufigkeit, wenn immer die Angst da ist, meine Hündin könnte von jedem x-beliebigen Hund gedeckt werden. Das ist Stress pur und nicht gut für eine Mensch-Hund-Beziehung. Du kannst deine

Hündin nicht anders schützen, als sie an der Leine zu führen, aber was ist, wenn sich ein Rüde losreißt und in den Stehtagen auf deine Hündin raufspringt?

Manche Hündinnen-Besitzer trauen sich in den Stehtagen kaum noch vor die Tür, weil sie Angst haben. Und da finde ich es auch besser, die Hündin kastrieren zu lassen. Ein Gespräch mit dem Tierarzt kann da gut weiterhelfen.

Und nun noch mal: Pubertät

Frieda war mit 15 Monaten nicht so, wie Senta war (oder ich kann mich nicht mehr daran erinnern). Eigentlich war sie brav, aber nach der Kastration am 9. Oktober 2023 und den 10 Tagen Schonzeit, wo wir nur kurze Spaziergänge an kurzer Leine im Stadtviertel gemacht hatten, schien sie gar nichts mehr zu können. Sogar nichts mehr vom Boden aufzunehmen, was vorher schon sicher geklappt hatte, schien sie „vergessen" zu haben. Beim Mittagessen übte ich jeden Tag „Geh auf deinen Platz" mit wachsendem Erfolg, bis zu dem Tag, als sie mich anschaute, als würde ich chinesisch sprechen. Da wusste ich: Das ist die Pubertät.

Nun liefen und trainierten wir zweimal am Tag im Wald, ich ließ sie bewusst von der Leine, um das Zurückkommen und Wiederanleinen zu üben. Und sie konnte ihre überschüssige Energie abbauen, wenn sie herumraste! Dazwischen gingen wir immer brav entweder „bei Fuß" an kurzer Leine, oder liefen im Rhythmus nebeneinander, oder ganz entspannt an lockerer Leine. Bis sie wieder einen tollen Ast entdeckte und hinsprang – die Äste, die sie schleppte, wurden immer größer – eine „Halbstarke" eben. Ich ging einen Teil der Strecke immer auf den befestigten Wegen, wo sie brav neben mir lief, weil da keine Äste herumlagen.

Begegnungen mit anderen Hunden klappten immer besser, weil ich ruhig blieb bzw. im Stadtviertel manchmal auch die Straßenseite wechselte. Mit dem Besuch einer Hundeschule hatte ich ja schon vor Monaten abgeschlossen – ich übte nach dem Modell „strukturierter

Spaziergang“ von José Arce mit ihr – also überwiegend an der Leine gehen und zwischendurch kürzere Phasen des Freilaufs.

Ich wollte erreichen, dass sie eines Tages ohne Leine ruhig neben mir herlief, so wie es bei Senta war. Und das würden wir auch erreichen. Es waren ja noch ein paar Monate, bis sie zwei Jahre alt würde und dann hoffentlich die Pubertät hinter sich hatte. Humor, Durchhaltevermögen, Geduld und eigene Sturheit halfen mir dabei.

Auf einer Website fand ich den folgenden ermutigenden Text:

In der Pubertät nicht verzweifeln ...

In pubertären Phasen ist es wichtig, geduldig zu bleiben.

Manche Hunde durchleben diese Phasen stärker als andere. So oder so sollten Sie die Erziehung liebevoll und konsequent, aber eventuell weniger intensiv und ehrgeizig fortführen, bis die Phase überwunden ist.

In dieser Zeit ist geistige Auslastung und sinnvolle Beschäftigung wesentlich. Der Hund sollte ebenfalls die Möglichkeit haben seinem verstärkten Bewegungsdrang nachzukommen.

Dies geschieht nicht durch „einfaches“ Beifuß-Laufen an der kurzen Leine! Freilauf auf gesicherten Flächen, Spielen mit anderen Hunden und mit den Besitzern sind hier deutlich angebrachter und ersparen beiden Seiten viel Stress und Aufregung.

Dies kann die ein oder andere Kollision mit dem Wohnzimmerinventar, den Lieblingsschuhen oder dem Hundekörbchen ersparen.

Ist die Pubertät überstanden, kann der Hund wie üblich geführt und ausgelastet werden.

Mindset II: Hundemama mit Kraft, Humor, Geduld, Ausdauer und Durchhaltevermögen

Als die Zeit der ersten Läufigkeit überstanden war, entspannte ich mich und ging locker auf Hundebegegnungen zu – bis zu dem Sonntag, als Frieda plötzlich so stark an der Leine zog, dass ich rücklings stürzte. Immerhin hatte mein Hündchen jetzt schon ein Gewicht von 33 kg.

Als ich sie an einem Sonntag im Wald einfach mal losließ, um nicht wieder zu fallen, meinte ein anderer Hundebesitzer: Wie wäre es denn mal mit Bodybuilding? Ich dachte sofort an Krafttraining und kaufte mir ein Paar Hanteln – meine Physiotherapeutin gab mir die passende Anleitung. Und heute bin ich „fit mit Hund", ohne an diesem Programm teilgenommen zu haben. Denn ich trainiere das jeden Tag zweimal bei unseren Waldspaziergängen, und meine Kondition, meine Kraft und mein Gleichgewichtssinn haben enorm zugenommen. So schnell wirft mich nichts mehr um.

Am 7. Juli feierten wir Friedas ersten Geburtstag – ihre Hundepatentante kam zu Besuch und machte dieses Foto von uns. Es zeigt uns beide sehr fröhlich, mutig und optimistisch.

An diesem Tag war mir endgültig klar, dass ich nun mit all den Verhaltensweisen einer pubertierenden Hündin leben müsste. Ich stellte mich darauf ein, dass es noch einige Monate dauern würde, bis Frieda eines Tages ohne Leine ruhig neben mir herläuft, so wie es Senta immer getan hatte. An deren Pubertät konnte ich mich nämlich überhaupt nicht erinnern.

Bis dahin halfen mir Humor, Durchhaltevermögen, Geduld und eigene Sturheit. Ich nahm mir fest vor, Frieda mit viel Liebe und Konsequenz zu führen und ihre Erziehung in den schwierigen Phasen nicht allzu streng werden zu lassen. In einer Facebook-Gruppe wurden immer wieder Tipps gegeben, einen Trainer zu nehmen oder in eine Hundeschule zu gehen. Aber ich sagte mir, dass die beste Hundeschule diese Entwicklungsphase nicht beeinflussen würde – außerdem hatte ich ja mit dem Gedanken an die Hundeschule abgeschlossen.

Oft dachte ich darüber nach, ob ich als ältere Hundemama mit einer gewissen Gelassenheit vielleicht die besseren Voraussetzungen habe, den pubertierenden Hund durch diese schwierige Lebensphase zu führen. Ich war mir sicher, dass sich Friedas Verhalten irgendwann von ganz alleine wieder normalisieren würde.

Und ich hatte nicht den Ehrgeiz, den besterzogenen Hund im ganzen Viertel auszuführen. Also fuhren wir ein- bis zweimal täglich in den Wald. Davon handelt das Kapitel *Spaziergänge – Ein Junghund erobert die Welt.*

Inzwischen fand am 7. Oktober 2023, Friedas 15. Monatsgeburtstag, das verschobene professionelle Fotoshooting statt. Im Bamberger Hain und im Hauptsmoorwald entstanden viele Fotos zu meiner Positionierung: über 70, aber jung geblieben und naturverbunden, kein Stubenhocker, der Hund „erdet" mich im wahrsten Sinne des Wortes. Dabei war der Hain Symbol für Wasser, Luft, Träume – der Wald hingegen für Erde und Reales. Ich arbeite ja viel mit älteren Menschen, die ihren „Traum vom eigenen Buch" verwirklichen möchten – und ich schreibe dieses „etwas andere Welpenbuch" für ältere Menschen, vor allem Berner Sennenhundebesitzer (auch jüngere), die nochmal einen Welpen großziehen möchten. Einige Fotos im nächsten Abschnitt des Buches stammen aus diesem Fotoshooting.

Und nun schreibt Frauke

Am Anfang hört sich immer alles so einfach an und es sieht auch immer alles so einfach aus.

Gerade wenn du im Fernsehen siehst, wie toll die Hunde hören, denkst du: Das kann ich auch, gar kein Problem. Und dann stellst du fest, am Anfang funktioniert noch alles und dann kommen immer mal wieder Phasen, da geht gar nichts mehr. Du hast das Gefühl, alles Erlernte ist weg. Dein Hund weiß gerade noch, wie er heißt.

Ich züchte Hunde, ich setze Hunde in die Welt, das ist mein Schwerpunkt, aber nicht die Hundeerziehung. Natürlich muss ich mein Rudel auch erziehen und im Griff haben, doch das ist nicht meine Hauptaufgabe.

In der Rettungshundearbeit müssen wir auch Unterordnung mit unserem Hund üben. Ich liebe es, aber so ein Berner kann einem jegliche Unterordnung kaputt machen, wenn er sich beim Abruf vom Platz einfach entscheidet, liegen zu bleiben oder ganz langsam aufzustehen und ganz langsam zu einem zu kommen. Ein Mali oder ein Schäferhund würde im Galopp diese Übung machen, nur um seinem Herrchen zu gefallen, aber der Berner lässt da gerne mal seine entspannte Art durchkommen.

Auch bei einem strammem „Fuß“ überlegt ein Berner eher, ob er doch lieber ein „Platz“ macht und die Unterordnung einem Schäferhund überlässt.

Die Berner machen mit bei einer Unterordnung, aber ein „Bitte“ darf oft nicht fehlen. Du musst Geduld und Ausdauer mitbringen, um mit deinem Hund zu einem guten Team zusammen zu wachsen.

Ich weiß nicht, wie oft ich lachend zusammengebrochen bin, weil ich „Sitz“ sagte und er sich hinlegte und „Platz“ machte.

Du kannst ihnen nicht böse sein, gerade wenn sie dich mit großen Augen anschauen. Sie sind einfach große Teddybären, die du nur liebhaben und denen du nicht böse sein kannst.

Lebe deinen Traum: Ferien in Armentarola

Mit einer jungen Berner Sennenhündin auf der Terrasse des Hotels Armentarola sitzen und in die Berge schauen – auf diesen Teil meines Traums vom glücklichen Leben hatte ich lange gewartet.

Vor über einem Jahr war ich das letzte Mal dort gewesen – zum zweiten Mal alleine, denn meine geliebte Seelenhündin Senta war ja schon im Februar 2022 gestorben, ihre Asche hatte ich im Gaderbach in Armentarola dem Fluss des Lebens übergeben.

Am Tag nach meinem Urlaub war ich nach Delingsdorf/Schleswig-Holstein gefahren und hatte die kleine Frieda zu mir geholt. Meinen Traum, mit ihr schon im Dezember 2022 nach Armentarola, meinem Traumort in den Dolomiten, zu reisen, hatte ich dann bald aufgegeben. Mein junges Hündchen war eben noch nicht so reiselustig, wie es Senta gewesen war. Sie war auch noch nicht stubenrein, und so erschien es mir zu gewagt, mit ihr in das sehr gute Hotel zu fahren. Als sie 6 Wochen bei mir war, konnte ich mir noch nicht vorstellen, dass ich mit ihr im Dezember verreisen könnte.

Senta war schließlich schon fünf Jahre alt gewesen, als ich im September 2016 zum ersten Mal mit ihr nach Armentarola gefahren bin. Die Geschichte dieser ersten Reise habe ich in meinem Buch *Senta & ich. Vom Glück des Lebens mit einem Hund* beschrieben, das ein paar Tage vor der jetzigen Reise fertig geworden ist.

Auf der Reise nach Armentarola übernachteten wir im Hotel zum Gourmet in Seefeld. Dort sprang Frieda mit Vergnügen auf das breite Doppelbett – eine Erinnerung an die Ferienwohnung auf Fehmarn. Aber ich hatte vorgesorgt und an der Rezeption ein großes Laken bekommen, das ich über das gesamte Doppelbett legte. Ich hatte um einen Platz in dem Teil des Restaurants gebeten, wo ich immer mit Senta gesessen hatte – an einem Zweiertisch, Senta mir gegenüber. Aber Frieda traute sich dort nicht hinein, und so ließ ich sie einfach in unserem Hotelzimmer.

Am Nachmittag hatten wir in der Hotelbar gesessen, und Frieda wurde von vielen Gästen angesprochen und fotografiert. Den Abend verbrachten wir auf unserem Zimmer, und dort schliefen wir beide dann tief und fest.

Am 17. September 2023 war es dann endlich so weit: Ich kam mit Frieda in Armentarola an. Genau wie Senta liebte sie die Hügel auf dem Hotelgelände sofort, trank aus dem Brunnen vor dem Hotel, badete im Gaderbach und fühlte sich einfach wohl in dieser schönen Umgebung.

Im Hotel bekam ich eine Tagesdecke für das Doppelbett, die Teppiche waren schon zu Sentas Zeiten immer entfernt worden. Frieda fühlte sich sofort wohl in dem geräumigen Zimmer mit dem großen Balkon. Ihr Schlafplatz war zwischen dem zweiten Bett und der Wand, und ihr Fressplatz vor dem Badezimmer. Zum Essen ging ich immer alleine.

Zwar kann man dort seinen Hund zum Essen mitnehmen, muss dann aber in dem allgemeinen Restaurant sitzen. Aber da saßen schon mehrere ältere Ehepaare mit ihren Hunden …

Frieda blieb jedenfalls allein in unserem Zimmer, so wie zu Hause auch. Das italienische Zimmermädchen war sofort verliebt in Frieda. Einmal kam ich während der Frühstückszeit ins Zimmer und musste laut lachen: Das Zimmermädchen redete und spielte mit Frieda, die sie ganz verzückt anschaute. Dabei machte sie unser Zimmer sauber, und es gab offenbar keinerlei Komplikationen. Der Oberkellner kam mal zu uns auf die Terrasse, und als Frieda vor ihm zurückwich, meinte er: „Senta war aber viel netter." Und dann kam der Chefkoch, setzte sich zu uns hin, nahm ein paar Leckerli und sprach ganz ruhig mit Frieda, bis sie ein Leckerli von ihm nahm und sich streicheln ließ.

Übrigens habe ich mich nach diesem Urlaub entschieden, Frieda auch in Bamberg nicht mehr mit in ein Restaurant zu nehmen. Sie bleibt viel lieber in Ruhe zu Hause, hat dann keinen Stress und ich auch nicht.

Für mich war dieser Aufenthalt etwas ganz Besonderes: 20 Jahre zuvor, vom 7. bis 21. September 2003, war ich zum ersten Mal zusammen mit meinem Mann Hans Christian in Armentarola gewesen. 7 Jahre zuvor zum ersten Mal mit Senta, nach 7 Jahren Pause und dem Tod meines Mannes. Und dieses Mal war ich zum 20. Mal ohne meinen Mann dort. Die Faszination von Armentarola war für mich nach wie vor dieselbe – diesmal war ich nach einem Jahr Pause wieder hier und fühlte mich sofort zu Hause.

Senta und Armentarola gehören für mich zu den glücklichsten Zeiten meines Lebens. Senta war sicher der meistfotografierte Hund, viele Gäste haben sich mit ihr fotografieren lassen. Und so bekam ich dieses kleine Geschenk von einem italienischen Ehepaar, das immer kam, wenn Senta und ich in Armentarola waren.

Diese ersten Ferien mit Frieda setzten die Folge der glücklichen Zeiten fort. Ganz offenbar bewegt die Magie von Armentarola und die Energie, die ich dort immer gewinne, eine erhebliche Zunahme unseres Wohlbefindens.

Lebe deinen Traum – das war auch das Motto meiner Feier zum 70. Geburtstag im Mai 2022. Mein Traum vom glücklichen Leben ist Wirklichkeit geworden: Im Kapitel *Unser erster Urlaub an der Ostsee* schrieb ich: Mit einer jungen Berner Sennenhündin im Strandkorb sitzen und aufs Meer schauen – das ist schon Teil meines Traums vom glücklichen Leben. Das Ganze auf der Terrasse einer Traumwohnung direkt am Meer …

Spaziergänge – Ein Junghund erobert die Welt

Eigentlich wollte ich dieses Buch im Oktober 2023 beenden – ich gestaltete ein Buchcover für eine Fortsetzung „Spaziergänge mit Frieda“. Denn im Januar 2024 begann für mich eine aufregende, abenteuerliche und ereignisreiche Zeit, eine Zeit der Spaziergänge und „Abenteuer Hundebegegnungen“. Das ist auch der Titel eines hilfreichen Buches der Hundetrainerin Sarah Both, mit der ich ein Gespräch geführt habe. Dadurch wurde mir klar, dass ich mein Mindset ausbilden musste – und fortan nahm unsere Entwicklung einen positiven Verlauf.

Ehe du also während der schwierigen Zeit der Pubertät deines Hundes den Mut verlierst und den Hund vielleicht sogar in ein Tierheim oder an einen anderen Hundehalter abgibst, möchte ich dir Mut machen mit meiner Geschichte. Und so folgt nach dem Kapitel *Mindset III: Souveränität und Intuition bei Hundebegegnungen* das Schlusskapitel *Waldspaziergänge: Auf dem Weg zum Dreamteam.*

Aber zunächst mal einige Fotos vom Fotoshooting am 7. Oktober 2023, Friedas 15. Monatsgeburtstag:

Im Bamberger Hain – Wasser, Luft und Träume

Im Hauptsmoorwald – Erde und Reales

Und nun schreibt Frauke

Die Phase „ach ist der süß“ ist irgendwann vorbei, dann kommt die Pubertät und der Junghund testet: „Was darf ich und wie weit darf ich gehen?“

Bei mir erobern die Junghunde den Hof, frech und rotzig versuchen sie, die Welt für sich zu gewinnen.

Im Rudel klärt sich das oft von alleine, da sie von den Alten einen auf den Deckel bekommen. Wenn du alleine mit einem Berner dastehst, dann musst du schauen, wer der „Herr im Hause“ ist.

Das erinnert an die Erziehung eines Kindes: Muss ich wirklich den Müll rausbringen oder mein Zimmer aufräumen? Da waren sie wieder, die Worte meiner Mutter: „Erziehe erstmal einen Hund und dann schaff dir Kinder an.“

So ist das auch bei einem Hund. Egal in welcher Situation, sie fragen ganz leise nach und versuchen, einen anderen Weg zu finden bzw. es nicht zu machen.

Es ist herrlich, alleine im Wald mit einem pubertären Hund spazieren zu gehen. Niemand, der dich stört oder dir deutlich macht, dass dein Hund aber noch nicht so gut erzogen ist.

Erziehung braucht ihre Zeit, genau wie bei Kindern. Kein Hund kommt erzogen auf die Welt, sondern ihr müsst zu einem Team zusammenwachsen.

Im Grunde ist der Typ hinten an der Leine immer derjenige, der die Fehler macht, nicht schnell genug ist, falsche Entscheidungen trifft oder zu viel *laissez faire* anwendet, also einen zu großen Spielraum gibt. Du musst sehen, dass du deinen Weg findest und diesen konsequent gehst, genau wie den Weg, der uns durch den Wald und durch unser Leben führt.

Wir machen es aus eigener Kraft

Es ist Januar 2024, Frieda ist inzwischen 18 Monate alt und richtig groß geworden. Ihr Gewicht kenne ich nicht, schätze es aber auf etwa 35 kg. In der Berner Sennengruppe auf Facebook habe ich gepostet:

Hallo, ihr Lieben, so oft musste ich schon schmunzeln, wenn ihr sagt: der bleibt angeleint, im Wald nur mit Leine, wenn ein Reh kommt, leine ich ihn an …

Meine kleine, große Frieda (18 Monate alt), Gewicht ist mir nicht bekannt, aber es könnten ca. 35 kg sein, läuft an sich brav an der Leine. Aber sie hat es sich angewöhnt, dass sie mit einem Ruck losrennt, und dann kann ich sie beim besten Willen nicht halten. Sie kommt stets zurück, nicht immer sofort, und wenn ein anderer Hund in der Nähe ist, läuft sie auch manchmal dorthin. Aber das klappt schon immer besser mit den Begegnungen.

Nun übe ich mit ihr, am Anfang des Spaziergangs ohne Leine zu laufen, weil sie Pipi und Kaki nur im Gebüsch macht. Auch das klappt, weil meist kein anderer Hund da ist.

Habt ihr einen Tipp für mich wegen des Losreißens? Heute hat sie das auch in der Stadt gemacht – sie ist ziemlich übermütig durch den vielen Schnee.

Darauf bekam ich die unterschiedlichsten Antworten – so auch den Hinweis auf ein „Halti“, den ich etwas „gruselig“ fand. Das ist ein ganz besonderes Geschirr, ähnlich wie ein Pferdehalfter. Ich habe gegoogelt, es scheint umstritten zu sein, ev. sogar verboten, eine Frau nannte das „Tierquälerei“.

Nun, dann ist es nichts für mich – und der Hinweis auf die Schleppleine war auch kontraproduktiv, denn die Kraft verstärkt sich ja durch die Länge der Leine.

Inzwischen gab es noch mehr Kommentare zu meinem Post: Da warnte jemand vor Wildschweinen und Wölfen, und dass der Jäger den Hund erschießen könnte. Und in mehreren Kommentaren wurde mir geraten, auf jeden Fall einen Hundetrainer zu nehmen.

Nun, ich hatte schon mal von einer anderen Hundebesitzerin gehört, dass es dort im Wald Wildschweine geben soll. Wir laufen allerdings meist ziemlich nahe an dem Wanderparkplatz in der Nähe der Autobahn und der Bundesstraße – dort sind stets viele Spaziergänger, meist mit Hund, und auch Reiter unterwegs. Und so habe ich keine Angst vor Wildschweinen.

Ich glaube, dass Wölfe gar nicht in unserer Region vorkommen. Es soll allerdings vor einigen Jahren mal ein Wolf gesichtet worden sein.

Aber ich denke, dass die Verwendung eines Haltis uns dann auch nicht schützen würde. Und so gehe ich mit Zuversicht und Mut weiterhin mit Frieda im Wald spazieren.

Veränderungen

Ich beschloss, einfach einiges zu ändern bei unseren Spaziergängen. Denn viele Verhaltensweisen sind ja Gewohnheiten, die sich manchmal nach kurzer Zeit von selbst ändern. Oder ich verändere etwas an meinem Verhalten, so dass der Hund sein Verhalten auch ändert. Also nahm ich mir vor, mit ihr zu üben, damit das Weglaufen weniger wird.

Da auf dem Waldweg, wo wir sonst gehen, Autospuren (!) waren, bog ich ab und ging mit Frieda über einen kleinen Pfad zwischen verschneiten Büschen. Vor dem Fahrweg kehrte ich wieder um – denn da war am Tag zuvor ein Auto gefahren und sie rannte hinterher. Auf dem kleinen Pfad ließ ich sie von der Leine, und sie lief fröhlich vor mir her und kam auch wieder zurück.

Und dann, auf dem Waldweg, der ein wenig bergab geht und wo sie mir letzten Sonntag weggelaufen war, sah ich unten an der Wegkreuzung die Berner Sennenhündin Maja samt Frauchen, die fröhlich winkte und Maja an die Leine nahm. Ich sagte zu Frieda, wir bleiben hier, und sie blieb tatsächlich sitzen bei mir. Wir gingen erst weiter, als Maja nicht mehr zu sehen war. Ein erster Erfolg! Wir werden schon noch ein Dreamteam!

Wir kamen ruhig beim Auto an, ich habe sie die ganze Zeit gelobt und ihr erzählt, dass ich möchte, dass wir ein Dreamteam werden.

Es zeigt sich wieder mal die alte Regel, die ich von José Arcé gelernt habe: In dem Moment, wenn der Mensch etwas anderes macht, ändert sich auch der Hund. Meine Empfehlung lautet daher: Mach einfach mal etwas anders als sonst – gehe einen anderen Weg, meide die Fahrwege, damit es nicht zu einer ungewollten Begegnung mit einem Auto kommt. Und gib nicht auf. Die meisten Probleme lösen sich nicht von heute auf morgen, da musst du etwas Geduld haben.

Dazu kommt, dass der Hund, so wie wir selbst auch, an verschiedenen Tagen unterschiedlich gestimmt ist, bei Hochdruckwetter spüre ich eine ganz andere Energie als an normalen Tagen.

Meine Entscheidung war: Wir machen es aus eigener Kraft. Wir nehmen keine Hilfsmittel wie einen Halti, wir buchen auch keinen Trainer, sondern wir – Frieda und ich – wir verändern unser Verhalten so lange, bis es uns beiden gut geht damit.

Eine Frau mit einem großen Hund in Friedas Alter bindet ihren Hund z. B. immer am Baum fest, um ihn zu „erziehen". Von mir hatte sie das auch mal verlangt, als Frieda dorthin gelaufen war. Viel besser hätte ich es gefunden, wenn die beiden Hunde mal ein paar Minuten hätten spielen dürfen. Als ich dorthin kam, sprang sie hoch und gestikulierte wild vor Frieda. Die wurde dadurch immer wilder. Einen Hund am Baum anzubinden, finde ich nicht sehr sinnvoll. Wichtiger ist es doch, ihn dazu zu bringen, von selbst sitzenzubleiben.

Wir nahmen zunächst eine schmale Lederleine, später dann die kräftigere Lederleine, die ich bei Senta immer benutzt hatte. Damit hatte ich ein sichereres Gefühl. Und ich sage zu Frieda: Das ist unsere Leine – es ist nicht deine und auch nicht meine. Diese Leine ist unsere Verbindung – so wie eine Mutter ihrem Kind die Hand gibt.

Ich habe lange mit Frieda trainiert, an der Leine zu gehen. Nun habe ich versucht, sie loszulassen, so wie früher, vor ihrer ersten Läufigkeit. Aber sie will eigentlich nicht – sie beißt immer in die Leine und hält sie fest. Sie braucht diese Verbindung zu mir, so scheint es mir.

Ja, du kannst es belächeln – aber ich versuche immer, ruhig und souverän zu bleiben, so wie José Arce es empfiehlt. Und ich belohne Frieda mit Leckerli, wenn sie etwas gut gemacht hat. Aber ich locke sie auch mit Leckerli, DAMIT sie etwas gut macht.

Humor, Geduld, Gelassenheit und viele, viele Leckerli machen das Leben mit Frieda erfüllt und lebenswert. Aufregen, schimpfen und strafen würde nur Stress bedeuten und niemandem nützen.

Bis Frieda zwei Jahre alt ist und die Pubertät hoffentlich überstanden hat, wird noch einiges passieren. Ich bin darauf gefasst. Denn ich träume nach wie vor von meiner Traumhündin, mit der ich durch dick und dünn gehen kann. Und dass wir ein Dreamteam werden, das optimal zusammenpasst, überall gerne gesehen wird und viele Freunde hat, die sagen: Da haben sich zwei gesucht und gefunden.

Wir üben noch

Ich schrieb an Frauke: Heute habe ich mal wieder das Geschirr von dir genommen – vielleicht geht das besser. Frieda reißt sich zur Zeit öfter mal ruckartig los – heute im Wald haben wir geübt und es ging gut. Wir waren schon 15 Minuten früher am Waldparkplatz, es war nur ein anderes Auto da, in dem jemand saß. Aber auf dem kleinen Pfad kamen uns zwei Frauen entgegen, ich ging mit Frieda an die Seite, die Frauen gingen vorbei, aber Frieda hüpfte auf die zweite zu, die streng guckte. „Hier kommt uns sonst nie jemand entgegen", sagte ich, „wir üben noch." Mir fiel dein Spruch ein: „Rom ist auch nicht an einem Tag erbaut worden." Ja so ist es. Jeden Tag schaffen wir etwas besser. Wir üben noch, wir sind noch lange nicht perfekt und werden es wohl auch nie sein. Das müssen wir ja auch nicht. Denn wir üben noch.

Frauke antwortete: Das ist eine gute Einstellung, aber du musst aufpassen, das darf sie natürlich nicht. Im Grunde müsstest du sie da einfach mal maßregeln. Sie darf dir natürlich nicht ruckartig aus der Hand springen, und sie darf auch nicht irgend jemanden anspringen. Kleiner Trick: Arbeite da mit deiner Körperspannung. Stell dich abrupt und streng vor sie und sage NEIN. Dass sie merkt: Oh, Mama ist sauer, oh, das darf ich nicht. Vielleicht eine kleine Hilfe. Versuch das ruhig schon, wenn sie einen kleinen Ansatz macht. Also wenn du übst und merkst, sie will los, dann übe das schon, dass sie gleich merkt: Oh, ok ok,

Beate: Das ist sicher richtig und das versuche ich ja auch, aber sie hat im Moment die Angewohnheit, dass sie „zack" einen Ruck macht und dann ist sie weg. Und ich kann sie nicht halten. Ich geh mal davon aus, es wird besser, wenn wir üben und üben. Mit einem Halti mache ich das nicht. Es muss schon übers Verhalten gehen, wir üben weiter.

Ich gehe ja nicht mit einem fertigen Hund durch die Stadt, das ist hier auch sehr schwierig bei all den Ablenkungen. Die meisten Leute haben Verständnis, aber es gibt immer mal einen, der kein Verständnis hat. Das ist so, damit muss ich leben, Es wird schon besser mit ihr. Aber danke für den Tipp, wir gehen jetzt gleich wieder los, Mittagsrunde, und üben. Bis dann. Und im Wald gab es mal eine Frau, die hat sich aufgeregt, weil Frieda SCHON WIEDER auf sie und ihren Hund zugelaufen kam. Ja, Erziehung passiert eben nicht in wenigen Tagen, und auch wenn Frieda schon „fertig" aussieht, ist sie doch ein junger Hund, der noch viel lernen muss.

Noch mal zu „Wir üben noch". Es ist ja nicht damit getan, EINMAL dem Hund zu bedeuten, dass er das nicht darf, was er macht. Man muss es ÜBEN. Im Praxisbuch von José Arce fand ich diesen Absatz: „*Ums regelmäßige Üben kommen Sie damit aber trotzdem nicht herum. Schließlich hinterlässt das Lernen nur durch ständiges Wiederholen Spuren im Gehirn. Routine ist alles. Das ist bei Ihrem Hund nicht anders als bei Ihnen selbst.*" (S. 42)

So habe ich gestern bei den Spaziergängen in der Stadt darauf geachtet, dass sie nicht ein einziges Mal an der Leine zieht, und zu niemandem hin hüpft. Am Abend bin ich mit ihr dann NICHT zu der Wiese gegangen, wo sie mir vorgestern ausgerissen ist, einem Auto hinterhergejagt und dabei noch einen anderen Hund entdeckt hatte. Gestern gingen wir SPÄTER – erst um 20 Uhr, da waren die Straßen ziemlich leer, wir gingen WOANDERS hin, und vielleicht hat es auch genützt, dass sie das alte Geschirr wieder an hat. Heute morgen im Wald haben wir weitergeübt, sie ist nur ein einziges Mal ausgerissen und dann mit mir gelaufen, an der Leine und auch ohne Leine – aber mit ganz vielen Leckerli und Lob. Das heißt aber nicht, dass es morgen genauso gut geht. Denn die Pubertät kommt noch dazu – was heute klappt, kann morgen vergessen sein.

Frauke: Ja … du musst immer üben … von einmal können sie es nicht … das stimmt. … wie war das? Rom wurde auch nicht an einem Tag erbaut.

Beate: genauso. Seit einigen Tagen stört sie mich nicht mehr beim Mittagessen – sie bekommt ja immer ein Knabberteil, aber dann ging es los, mich am Pullover zu zupfen oder ihre Pfote auf den Arm zu legen. Ganz einfach, ich habe ein Geräusch gemacht, so was wie „ch" in „Ach" – da hat sie mich angeguckt, was denn jetzt los ist. Drehte sich um und ging auf ihren Mittagsschlafplatz.

Im Februar fragte jemand in einer Berner Sennengruppe: Hallo liebe Hundefreunde, mein Hund wird im März ein Jahr, er ist mein erster Hund. Ich habe mich für ihn entschieden, ohne viel darüber nachzudenken. Doch seit ein paar Wochen werden die Hundebegegnungen eine Herausforderung, ich kann ihn kaum zurückhalten. Gibt es ein paar Tipps?

Ich habe dazu geschrieben: Frieda ist 19 Monate alt und wir trainieren täglich auf unseren Spaziergängen – allmählich geht es immer besser. Das hängt oft auch vom anderen Hundehalter ab. Wenn der andere Angst hat, wird es schwierig.

Im Wald kennen wir uns und üben gemeinsam. Entweder beschnüffeln, oder sitzenbleiben, bis die anderen außer Sicht sind, oder gemeinsam eine Runde spielen (ohne Leine). In der Stadt wechseln wir öfter die Straßenseite, mit „weiter" gehen wir weiter, sie reißt sich jetzt nicht mehr los und rennt hin. Mit „hierher" kommt sie meistens

zurück. Oder ich gehe einfach in die andere Richtung. Geduld, Humor, Konsequenz, starke Führung und ganz viele Leckerli. Wir gehen sehr viel an der kurzen Leine – aber ohne Zug drauf! Wir üben gemeinsames Laufen bei „Fuß“, im Rhythmus, das klappt schon gut. Nur wenn jemand entgegen kommt …

Meine Meinung: An der Pubertät änderst du nichts durch Hundeschule oder Hundetrainer – da müsst ihr gemeinsam durch! Eine starke Beziehung zwischen Mensch und Hund ist wichtig. Die entsteht durch viele Spaziergänge an der Leine – mit Pausen, wo jeder macht, was er möchte. Friedas Hundepatentante geht neuerdings wieder mit ihr spazieren, da scheint es überhaupt keine Probleme zu geben mit Hundebegegnungen in der Stadt. Sie macht sogar noch Selfies von den beiden.

Ende Februar war es so weit: Frieda riss sich nicht mehr so oft los, sie kam auf „hierher“ gleich zurück. Eines Morgens auf dem Waldparkplatz wäre ich beinahe umgekehrt – dort stand eine Gruppe um eine Hundetrainerin herum und diskutierte lautstark, während die Hunde in den diversen Autos bellten.

Fest entschlossen ging ich mit Frieda los, unseren gewohnten Weg, aber nur bis zur Wegkreuzung, denn da kam die Gruppe von ca. 5-6 Leuten laut redend den Weg angelaufen, sie schienen joggen zu wollen. Meine Frieda, die dort immer erst ihr Geschäft macht, bevor wir an der Leine weitergehen, lief natürlich hin und schaute die an. Die blieben aber weiter laut redend einfach stehen. Also nahm ich Frieda an die Leine und wollte weitergehen, da setzten sie sich in Bewegung, genau auf dem Weg, den wir gehen wollten. Ich bin umgekehrt und mit Frieda den anderen Weg gegangen – das machen wir Hundebesitzer normalerweise immer, damit jeder in Ruhe laufen kann.

Auf dem Rückweg trafen wir noch zwei nette Frauen mit drei Hunden, und unterhielten uns – die Ältere meinte, dass es hier am Sonntag doch sehr unruhig ist mit all den Leuten, die mit Fahrrädern, Rollern und wilden Hunden durch die Gegend sausen, ohne Rücksicht auf andere zu nehmen.

Und als wir weitergingen, hörten wir lautes Gebell von einer ganzen Hundemeute aus Richtung Parkplatz. Frieda ging ganz brav mit mir, denn da hatte sie offenbar Angst. Ich wartete ein wenig und konnte Frieda dann sicher ans Auto führen, in das sie sofort hineinsprang.

Ich bin stolz, dass wir das gut geschafft haben – aber solche Erlebnisse brauche ich nicht öfter. Vom nächsten Sonntag an fuhren wir eine Stunde früher zum Waldparkplatz.

Und heute bin ich sehr froh, dass wir alles aus eigener Kraft schaffen. Und es geht uns beiden auch gut, nach diesem Abenteuer.

Heute Mittag möchte ich in Ruhe essen. Frieda will die Kaustange nicht, die ich ihr auf ihre Matte gelegt habe – da gebe ich ihr ein Stück Rinder-Dörrfleisch, was sie gerne mag, aber meist in Nullkommanichts aufgefressen hat. Sie steht dann wie immer neben dem Esstisch und schaut mich an: Ich mache ein Geräusch (ähnlich wie Knurren), das ich gestern erstmalig ausprobiert habe – und sie dreht sich um und geht auf ihren Platz in der Diele zum Schlafen.

So einfach sind manche Probleme gelöst. Wieder mit der Methode, einfach mal das eigene Verhalten zu ändern. Diesmal hat es geklappt.

Gestern Abend beim Fernsehen auch, da war es ganz ruhig und friedlich. Die letzten 20 Minuten schlief Frieda hinter meinem Sessel. Vorher hatte ich ihr mehrere Kauteile gegeben.

Frauke: Wie war das? Rom ist auch nicht an einem Tag erbaut worden! Oder: In der Ruhe liegt die Kraft – auch gut.

Nichts bleibt, wie es ist, alles verändert sich. Und wenn wir unser Verhalten verändern, verändert auch der Hund sein Verhalten.

Mindset III: Souveränität und Intuition bei Hundebegegnungen

Aus dem Buch „Abenteuer Hundebegegnungen“ von Sarah Both:

Wie überall im Leben, wirst du auch in der Hundehaltung auf tausende Meinungen und Wertvorstellungen treffen. Du wirst, egal was du tust, immer bei irgendwem anecken. Manche Menschen werden dein Leben schon deswegen nicht gut finden, weil du einen Hund hältst. Unabhängig davon, wie er sich verhält. Manche werden überzeugt sein, dass du mit deinem Hund anders umgehen solltest, manche werden genau richtig finden, wie du es machst. Du kannst nicht jedem gefallen. Wenn das sowieso schon unmöglich ist, dann kannst du auch gleich damit beginnen, die vorgefertigten gesellschaftskonformen Meinungen für dich zu prüfen. Bist du auch der Meinung, dass ein Hund, der zwei Mal am Tag für zwei Minuten bellt, auffällig ist? Oder wäre das – objektiv betrachtet – völlig normales Hundeverhalten und kein Grund zur Aufregung?

…

Wie andere die Situation bewerten, ist ihre Sache, darauf hast du keinen Einfluss. Was du aber ändern kannst, ist deine Einstellung dazu. Und nein: Damit ist nicht gemeint, dass du deinen Hund einfach so machen lassen sollst, weil es dir alles völlig egal ist. Aber es lohnt sich, dir deine eigenen Werte und Normen dafür zu bilden. …

Was ein anderer Mensch dazu denkt, spielt keine Rolle. Es ist sein Ding, nicht deines. Du kannst es ohnehin nicht beeinflussen. (S. 67f.)

Durch das Buch von Sarah Both wurde mir klar, dass ich mein Mindset ändern musste. Ich meinte, immer zu hören bei den Leuten, die kritisierten oder sich aufregten, weil Frieda zu ihrem Hund hinlief: *Warum muss diese ältere Frau unbedingt einen jungen Hund haben, und dann noch so einen großen?* Denn ich kann Frieda nicht halten, wenn sie lospreschen will. Aber ich hätte sie auch vor 20 Jahren nicht halten können, das haben mir jüngere Hundehalter bestätigt. Wer kann schon einen so großen und starken Hund halten, wenn der unbedingt zu einem anderen Hund laufen will? Wir müssen trainieren – und ich ändere meine Kraft und mein Mindset.

Ein Spaziergänger meinte neulich: „Sie können doch den Hund gar nicht führen." Oh doch, ich führe Frieda gut und sicher auf allen Wegen, ich gebe ihr Ruhe und Sicherheit. Und das Gefühl, dass wir beschützt sind. Trotzdem gibt es Begegnungen mit Menschen und Hunden, wo das noch nicht klappt. Frieda ist dann ganz angespannt, und ich auch. Wir haben Stress, vor allem, wenn wir merken, dass das andere Mensch-Hunde-Team ängstlich oder abwehrend ist. Was ist denn so schlimm dabei, wenn ein Hund den anderen begrüßt?

Wir erleben Begegnungen, wo das ganz friedlich abläuft. „Wir üben noch", sage ich dann immer. Und neulich sagte ich zu einer Frau, die mich mal beschimpft hatte, weil ich mit meinem Hund im Wald laufe, ihn aber nicht halten kann, wenn er sich losreißt: „Das dauert noch einige Monate, sagt die Trainerin. Frieda ist ja ein junger Hund." Da sagte die Frau: „Ich gehe mal einfach weiter." Ja, und das hat dann auch geklappt.

Wir begegnen Menschen mit ihren Hunden im Wald, die Angst haben und ähnliche Probleme, wie wir auch. Aber manche möchten das nicht zugeben, sie hätten am liebsten den Wald ganz für sich und würde gar keine Begegnungen erleben. Aber das gibt es nicht – weder im Wald noch in der Stadt. Und nur durch Hundebegegnungen können wir Hundebegegnungen üben.

Aus dem Buch von Sarah Both habe ich „Management-Techniken" gelernt, für Situationen, in denen absehbar ist, dass die Begegnung nicht gut klappen wird: Bei älteren langsamen Joggern habe ich Frieda schon mal am Baum festgebunden, wir schauen dann, wenn der Jogger vorbeikommt, warten, bis er weit genug weg ist, und gehen dann ruhig weiter. Und neulich lächelte uns ein älterer Jogger freundlich an und bedankte sich. Eigentlich hatte ich es ja abgelehnt, Frieda am Baum anzubinden. Aber wenn ältere Menschen ohne Hund entgegenkommen, mache ich das – dann sind wir sicher, und die Jogger oder Spaziergänger auch.

Ich bin nicht perfekt, und mein Hund auch nicht. Wir gehen im Wald spazieren, um Spaß zu haben und um zu trainieren. Und ohne Hundebegegnungen könnten wir keine Hundebegegnung trainieren. Im Übrigen sind die meisten Hundebesitzer, die wir treffen, sehr freundlich, verständnis- und humorvoll. Denn sie erleben dasselbe ja mit ihrem Hund, bzw. haben es erlebt. Mich kann niemand beschimpfen, denn ich bemühe mich darum, dass Frieda ein „ordentlicher“ Hund wird. Doch was ist das eigentlich? Ich denke, es ist nicht schlimm, wenn sich zwei Hunde im Wald mal begrüßen und beschnuppern. Dann ist nämlich sofort der ganze Stress weg, den die Hundehalter sich und anderen, sowie ihrem Hund machen.

Wie „man“ einen Hund erziehen sollte, dazu habe ich meine eigene Meinung. Ich vertraue da sehr stark auf José Arce, mit dem ich bereits zweimal persönlich gearbeitet habe:

„Die Grundlage für eine wahre Beziehung ist, sich selbst zu entdecken und zu erkennen, wer man ist.“

„Hunden geht es gut, wenn sie sich sicher fühlen und uns voll und ganz vertrauen können.“

„Damit der Hund zur Ruhe finden kann, muss sein Mensch für Ruhe sorgen.“

„Strukturen machen den Kopf frei und helfen dem Hund, sich sicher zu fühlen.“

„Hat der Hund das Gefühl, er müsse sich selbst um alles kümmern, kommt es zwangsläufig zu Problemen“

„Jeder Hund ist ein Individuum. Wir müssen seinen Charakter erkennen und respektieren.“

Ich denke, Frieda und ich sind auf einem guten Weg!

Waldspaziergänge: Auf dem Weg zum Dreamteam

Mitte März: Der Morgenspaziergang war heute sehr friedlich, ich ging wieder etwas anders mit Frieda – fühlte mich einfach sicher mit unserer gewohnten kurzen und griffigen Leine. Ich ging mit ihr den Weg hinunter, wo sie neulich nicht mitwollte, sie folgte mir bereitwillig, auch als der Weg unwegsam wurde. Dann sind wir umgekehrt und weiter gelaufen zu dem schmalen Pfad, wo sie schon mehrfach gespielt hat. Diesmal brauchte sie viel Zeit und kaute dauernd auf einem Stöckchen – ist das vielleicht Stressabbau? Jedenfalls gingen wir dann in Ruhe – ohne irgendeine Begegnung – zum Auto zurück und fuhren nach Hause. Der Vormittag war sehr ruhig. Wir hatten uns beide erholt.

Ich war glücklich, als wir zurück waren. Und mir fiel der Refrain *So wie du bist* aus einem Kinderlied von Rolf Zuckowski ein, der sich auch auf einen Hund übertragen lässt:

So wie du bist, so wie du bist,
So und nicht anders sollst du sein.
So wie du bist, so wie du bist,
So bist du für mich der Sonnenschein.

Mittags trafen wir auf dem Parkplatz die ältere Frau mit den beiden kleineren Hunden, die wir schon einmal getroffen hatten. Ich erzählte ihr, dass mich jemand beschimpft hatte wegen Frieda, und sie sagte: „Wir gehen jetzt einfach zusammen. Es sind viele nette Leute im Wald, und ganz wenige unangenehme."

Am Ende des schmalen Pfades sahen wir ein korpulentes älteres Paar mit einem Pudel – die bewegten sich nur ganz langsam von der Stelle. Wir gingen geradeaus, und ehe ich mich versah, war Frieda zu denen hingelaufen. Die Frau rief gleich: „Die tut nichts, die ist noch ganz jung." Dann leinte sie ihre beiden Hunde ab und ging los, und Frieda kam uns hinterher, ich nahm ihr auch die Leine ab.

Wir sind dann zusammen bis zu dem Pausenplatz gelaufen – wobei die drei Hunde fröhlich tobten und spielten, ab und zu ein Leckerchen abholten und dann ging es weiter. Die Frau meinte, sie bewunderte mich, dass ich einen so großen Hund hätte, das hätte sie sich nicht getraut. Und ich sagte offen, dass ich Frieda nicht halten kann, wenn sie losprescht, dass das eben nur über Erziehung gehen kann. Und dass ich das bei Senta ja auch geschafft hätte, ohne irgendeine Ahnung von Hunden gehabt zu haben. Sie meinte noch, man wird ja älter …

Stimmt das eigentlich? Wird man schwächer, wenn man älter wird? Ich denke, nein. Auch jüngere Leute können einen Berner Sennenhund nicht halten. Ich hätte Frieda vor 12 Jahren auch nicht halten können – auch Senta ist mir manchmal weggelaufen.

An der Stelle, wo ich sonst mit Frieda Pause machte, schlug sie vor, dass ich Frieda am Baum anbinde, damit sie weitergehen könnten. Ich bedankte mich für den schönen Spaziergang und ging dann in Ruhe und ohne Komplikationen mit Frieda zum Auto zurück.

Ich wollte mit ihr geradewegs denselben Weg zurück wie auf dem Hinweg gehen. Da sah ich, dass das Paar mit dem Pudel ganz langsam von einem anderen Weg kam. Frieda setzte sich sofort brav hin, ich gab ihr Leckerli und sagte, die Leute stören uns gar nicht. Und damit sie die nicht mehr im Blick hatte, ging ich mit ihr rechts vom Weg in das Gelände, wir suchten uns unseren Weg durch Büsche und niedriges Gehölz. Frieda ging vertrauensvoll mit mir, und wir gelangten sicher auf den Weg. Auch dort blieb sie ruhiger als sonst, sie wirkte etwas müde von dem langen Hinweg, den die drei spielenden Hunde bestimmt 3-4-mal gelaufen waren. Wir gingen dann ruhig den Berg hinunter und gelangten sicher zum Auto.

Ich überlegte, wie viele Leute das wirklich waren, die sich im Wald über uns aufgeregt hatten. Die kann man im Laufe des letzten Jahres an einer Hand abzählen! Natürlich ist Frieda jetzt schon sehr groß – und viele Menschen denken ja nicht, dass sie noch so jung ist. Manche haben vielleicht auch Angst vor ihr, aber die Frau heute Mittag sagte auch, dass Frieda doch niemandem etwas tut – auch keinen Hund beißt. Sie freut sich nur über Begegnungen und will mit den Hunden spielen.

Ich denke nochmal daran, was Sarah Both in ihrem Buch schreibt:

Wie andere die Situation bewerten, ist ihre Sache, darauf hast du keinen Einfluss. Was du aber ändern kannst, ist deine Einstellung dazu. Und nein. Damit ist nicht gemeint, dass du deinen Hund einfach so machen lassen sollst, weil es dir alles völlig egal ist. Aber es lohnt sich, dir deine eigenen Werte und Normen dafür zu bilden.

Und ich formuliere meine Affirmation:

Frieda und ich – wir sind nicht perfekt, aber wir sind doch ein gutes Team. Wir sind genauso, wie wir sein sollen. Da können andere sich aufregen, dass wir im Wald herumlaufen, obwohl Frieda sich manchmal losreißt. Deshalb üben und trainieren wir ja im Wald!

Ich hatte im Buch *Vertraue dem Leben* von Louise Hay eine Affirmation gefunden: *Ich bin umgeben von guten Autofahrern.* Die wollte ich umschreiben auf Hundehalter. Und schon traf ich mittags diese nette Frau mit ihren zwei Hunden, mit der wir uns inzwischen angefreundet haben.

Ich bin umgeben von guten Hundehaltern

Behandle deinen Hund wie einen guten Freund! Rede auf freundliche Weise mit ihm, sag: Schön, dich zu sehen. Wir machen zusammen einen schönen Spaziergang im Wald.

Und wenn ihr das Haus verlasst, affirmiere: Ich bin stets von guten Hundehaltern umgeben, und ich strahle bewusst Liebe auf alle Hunde in meiner Umgebung aus. Es ist ein gutes Gefühl, dass überall Liebe ist, wo ich mit Frieda unterwegs bin.

Weitere Affirmationen:

- *Unser Spaziergang verläuft leicht und mühelos.*
- *Ich fühle mich mit meinem Hund wohl.*
- *Ich weiß, dass dies ein wunderschöner Spaziergang wird.*
- *Ich sende allen Menschen, die mit mir im Wald unterwegs sind, meine Liebe.*

Heute Mittag stiegen drei ältere Damen aus einem Auto und gingen mit Walking-Stöcken los auf ihren Spaziergang. Als wir auf dem kleinen Pfad waren, kamen sie von rechts und ich hielt mit Frieda an, um zu sehen, wohin sie gingen. Frieda riss sich los und lief zu denen hin, bellte auch ein wenig. Zwei der Damen lächelten, die dritte aber schaute etwas finster. Sie haben aber nichts gesagt. Ich rief: „Die ist noch jung und neugierig, die tut nichts."

Ich überlegte mir dann, dass hier zwei „Senioren-Lebensmodelle" aufeinandertreffen: Die drei Damen mit ihren Walkingstöcken gingen gemächlich und schwatzend den Weg entlang, kamen auch zurück zum Parkplatz, als wir dort ankamen. Ich dagegen mit einem jungen Hund – es ist mir egal, ob sie sagen, dass man in meinem Alter keinen Hund mehr halten sollte.

Gerade als ich losfahren wollte, sah ich die nette Frau von neulich, mit der unsere drei Hunde so schön gelaufen waren! Sie kam an mein Auto und fragte nach meiner Telefonnummer. Ich stieg aus und gab ihr meine Visitenkarte. Ich bedankte mich noch einmal für den schönen Spaziergang und sagte, ich würde ihr gerne mein Buch *Senta & ich* schenken.

Sie hatte einer Bekannten, die einen älteren Hovawart-Rüden hat, von Frieda erzählt. Sie meinte, die beiden würden wunderbar zusammenpassen und sicher schön spielen können. Dann würde sie ihre Hunde zu Hause lassen und mit ihrer Bekannten kommen. Darüber habe ich mich sehr gefreut. Und schon eine Woche später haben wir einen schönen gemeinsamen Spaziergang gemacht.

Neue Perspektiven

Ende Mai haben wir dann Maja, eine 5-jährige Berner Sennenhündin getroffen, die wir schon von früher her kannten. Diesmal mit ihrem Herrchen, und ich habe gefragt, ob wir mit ihnen mitgehen dürften – er wollte zum Bach, damit die Hunde dort baden und trinken könnten. Wir ließen beide Hunde frei laufen – für Frieda war es das erste Mal nach den langen Zeiten des An-der-Leine-Gehens. Und es war einfach faszinierend für mich, dass beide immer um uns herum waren. Frieda hörte auf Majas Herrchen, Maja kam zu mir, um Leckerli zu bekommen.

Vor allem hörten beide aufs Wort und liefen nicht weg. Am Bach waren Maja und Frieda glücklich, dass sie hinunter zum Wasser laufen durften. Majas Herrchen zeigte mir einen schönen Weg, den ich vor einem Jahr schon oft mit Frieda gegangen war. Die beiden Hunde liefen durch die Gegend, Frieda genoss es, frei zu laufen. Und Maja gab ihr auch schon mal „Antwort“, wenn sie zu wild wurde. Wir gingen dann über eine andere Brücke wieder in den Bereich des Waldes, wo ich sonst mit Frieda laufe. Wir gingen den Forstweg entlang, vorbei an der Hubertusquelle, wo die Hunde nochmal trinken durften, und dann weiter Richtung Parkplatz. Als eine Joggerin entgegen kam, konnte ich Frieda einfach an die Leine nehmen, sie setzte sich an den Wegrand und wir ließen die Joggerin ohne Komplikationen vorbei.

Meine Morgenroutine: Waldspaziergang mit Frieda – egal, wie das Wetter ist. Heute war es von oben (noch) trocken, von unten ziemlich nass. Und es gibt immer wieder schöne Momente, so wie diesen, wo mein Hündchen besinnlich sitzt und einfach schaut. Für mich ist das immer eine Stunde der guten Gedanken, die mich bewegen. Eine schöne Einstimmung auf alles, was am Tag noch kommt.

Und auf der Rückfahrt mit dem Auto habe ich das schöne Mailied von Reinhard Mey gehört:

Mairegen laß mich wachsen
Mairegen mach mir Mut
Mairegen laß mich glauben
Alles wird gut

Am nächsten Mittag suchte Frieda die andere Hündin, aber die war wohl schon mit ihrem Herrchen unterwegs. Also gingen wir einen anderen Weg und bewegten uns in der entgegengesetzten Richtung – bis wir die beiden dann schließlich trafen und beschlossen, mit ihnen zurückzugehen. Wir kamen richtig gut ins Gespräch und ich genoss die Harmonie zwischen den Hunden. Und auch die Gelassenheit von Majas Herrchen beim Freilaufen der Hunde. Er erzählte, dass Maja wegen eines gesundheitlichen Problems so stark abgenommen hätte und ich versprach, ihm mein Buch *Der Himmel hat einen neuen Stern. Abschied vom Seelenhund* mitzubringen. Wir verabredeten uns für die nächsten Tage um die Mittagszeit, trafen uns aber leider nie wieder.

Einen Tag später haben wir im Wald den einjährigen Berner Sennenrüden Franz mit Herrchen und Frauchen getroffen. Es war genau wie mit Maja – die beiden Berner Sennenhunde waren sofort „ein Herz und eine Seele". Und auch wir Menschen verstanden uns auf Anhieb gut. Während ich mit der Frau sprach, spielte ihr Mann mit beiden Hunden auf einem Nebenweg – Frieda machte mit, als sei das ihr Herrchen – genau wie vorher mit Majas Herrchen. Ich glaube, es gibt nichts Besseres für Frieda, als in Gesellschaft anderer Berner Sennenhunde zu lernen und zu spielen.

Zwei Wochen später trafen wir eine ältere Berner Sennenhündin auf dem Parkplatz, und ihr Frauchen meinte, gleich kommt noch einer. Das war der Franz, den wir schon kannten. Wir gingen dann fast zwei Stunden zusammen spazieren – die beiden Teenies hatten Spaß miteinander und die 8-jährige Hündin konnte in Ruhe hinterherlaufen.

Und dann haben wir einen wunderbaren Morgenspaziergang gemacht. Frieda lief die große Runde, die wir seit einer Woche gehen, ganz ruhig mit mir an der lockeren Leine. Kein Ausbruchversuch, einfach nur harmonisch mit mir im „Gleichschritt". Zum allerersten Male hatte ich das deutliche Gefühl, dass wir nun ein Dreamteam werden. Wie man so schön sagt: „Da haben sich zwei gesucht und gefunden." Nun wir haben uns sicher nicht gesucht – wir sind zusammen gewachsen im Laufe der Monate. Wir trafen niemanden unterwegs, sondern genossen unsere Zweisamkeit – ohne Stress, ohne Angst, es könne ein unangenehmes Mensch-Hunde-Paar auftauchen. Frieda wirkte seit der Begegnung mit Maja sehr ausgeglichen.

An einem Sonntagmorgen Anfang Juni war ich sehr stolz auf meine Frieda. Wir trafen an einer ganz entlegenen Stelle die junge Frau mit Hund, die vor einigen Wochen mal so allergisch reagiert hatte, weil Frieda auf sie zu kam, um ihren jungen Labrador zu begrüßen. Diesmal verlief die Begegnung ohne Komplikationen – die Frau grüßte uns nicht und sah weg, sie ging einfach weiter, der Hund aber schaute recht ängstlich. Und das Beste: Frieda versuchte zwar, zu dem anderen Hund hinzuziehen, ging dann aber mit mir weiter.

Ich habe Frieda dann erklärt, dass wir freundlich sind und jeden begrüßen, den wir treffen – dass aber andere Leute und ihre Hunde das nicht immer wollen. Und dass uns das nicht stören muss. Wir bleiben freundlich, und wir treffen mittlerweile ganz oft entspannte Menschen mit ihren ebenfalls entspannten Hunden, die sich gegenseitig begrüßen und miteinander spielen.

Seitdem haben wir einige sehr schöne Begegnungen mit Hunden und ihren Frauchen oder Herrchen gehabt. An einem Samstagmittag, als die Temperaturen über 30 Grad anstiegen und ich mir dachte, wir gehen nur kurz zum Bach und wieder zurück, setzte sich Frieda auf den Parkplatz, weil gerade ein anderes Auto eintraf. Die Frau, die ausstieg, kannte ich nicht, und auch der zugehörige Aussie war mir nicht bekannt. Der 7-jährige Rüde lief sofort mit Frieda los – mit der Frau unterhielt ich mich gut – und wir gingen trotz der Hitze eine ganz große Runde. Sie sagte, dass ihr Hund oft recht schnell das Interesse an anderen Hündinnen verliert, aber bei Frieda war es wohl anders.

Inzwischen merke ich, dass meine Kraft stark zugenommen hat und ich Frieda oft halten kann, wenn sie mal wieder ausreißen will – was allerdings immer seltener vorkommt. Ich lasse sie immer wieder frei laufen auf unseren Spaziergängen, und oft geht sie neben mir, als wäre sie an der Leine. Da passt der Ausspruch von José Arce: „Man führt einen Hund nicht mit der Leine, sondern mit dem Herzen.“

Resümee und Ausblick: Mein Traumhund

Beim Schreiben meines Buches hatte ich ab und zu Bedenken, ob ich wirklich einer älteren alleinstehenden Frau empfehlen kann, einen Berner Sennenwelpen großzuziehen. Vor allem, wenn sie, so wie ich, in einer Etagenwohnung wohnt.

Eine Freundin, die zu Beginn ihres Ruhestandes einen Berner Sennenwelpen zu sich genommen hatte, wird unterstützt von ihrem Mann, der ein paar Monate später ebenfalls in den Ruhestand ging. Und sie leben in einem Haus mit Garten. Da geht einiges besser und leichter als bei mir. Die Freundin, deren Mann so plötzlich verstarb, lebt nun schon über ein Jahr lang allein mit Zino und Tamme in einer Wohnung. Sie erlebt auch einiges, wenn sie mit den beiden Rüden unterwegs ist, aber niemals würde sie einen der beiden Hunde wieder abgeben. Die kleine Familie lebt glücklich zusammen.

Es ist wichtig, dass du nicht ganz allein bist mit deinem Hund: Friedas Hundepatentante unterstützt mich gut, und bei unseren Waldspaziergängen haben wir neue Freunde gefunden. Die „wilde" Zeit der Pubertät war sehr anstrengend für mich, aber ich habe alles ohne wesentliche Verletzungen überstanden, trotz einiger Stürze.

Zum Schluss möchte ich noch einige Glücksmomente erwähnen: Meine kleine große Frieda liegt gerade wieder friedlich unter dem Schreibtisch, so wie damals als Welpe – sie ist nur ein wenig zu lang dafür, und wenn ich aufstehe, muss ich über sie hinweg steigen.

Wir schauen manchmal Musiksendungen im Fernsehen an – besonders bei Schlagersendungen liegt Frieda dann vergnügt auf dem Sofa und wippt mit ihrem Schwanz. Und in Armentarola hat sie sogar schon ein Tänzchen mit mir hingelegt, als dort die Kapelle spielte.

Wir sitzen oft auf unserer Dachterrasse, und Frieda lernt allmählich, dass sie dort nicht mehr so viel bellen soll, wenn unten ein Hund vorbeigeht. Wenn wir auf der Straße unseren kleinen Beagle-Nachbarshund treffen, können wir schon ganz ruhig aneinander vorbeigehen. Und neulich, bei einem Gespräch mit unseren Nachbarn von gegenüber, saß Frieda die ganze Zeit ganz lieb neben mir.

Zur Zeit erlebe ich jeden Tag einen kleinen, manchmal ganz winzigen Fortschritt. Das ist für mich ein beglückendes Gefühl, weil ich jetzt merke, dass sich all die Mühe und die Anstrengungen gelohnt haben.

Ein wirklich glücklicher Tag war dann Friedas 2. Geburtstag. Wir bekamen viele Glückwünsche und haben schön gefeiert – zusammen mit Friedas Hundepatentante Conny. Sie hat sich eine tolle Hunde-Geburtstagstorte ausgedacht und gebacken und sogar einen Zeitschriftentitel gestaltet!

Nun beginnen die „goldenen Jahre“ im Leben eines Berner Sennenhundes, wenn man dem Rassehandbuch von Anita Schneider-Weissbaum glauben darf. Sie reichen vom 24. Monat bis zum 8. Lebensjahr. Danach beginnt der Lebensabend. Für mich waren alle Jahre mit Senta „goldene Jahre“, und ich war manchmal erstaunt, wenn Leute meinten, das sei doch schon ein „alter Hund“. Ich denke, es ist ähnlich wie bei uns Menschen: „Alt“ ist man erst, wenn man sich nicht mehr verändern möchte und einem der Lebensmut abhanden gekommen ist. Die überschäumende Lebensfreude meiner kleinen großen Frieda zu erleben – das hält mich täglich jung.

Und ich wünsche mir noch viele glückliche gemeinsame Jahre zusammen mit ihr – mit vielen Waldspaziergängen, Strandbesuchen auf Fehmarn und Bergwanderungen in Armentarola. Und mit vielen tollen Hundebegegnungen und fröhlichen Spielen.

Dir, liebe Leserin und lieber Leser, wünsche ich, dass wir dir ein wenig Mut gemacht haben, noch einmal einen Welpen großzuziehen, und dass du eine schöne Zeit mit deinem Hund verleben wirst.

Wir freuen uns über dein Feedback zu unserem Buch. Wenn es dir gefallen hat, freuen wie uns über eine Rezension. Du kannst Frauke Daerr und mich jederzeit kontaktieren, wenn du besondere Fragen auf dem Herzen hast.

Fraukes Resümee

Seit 1998 habe ich Berner Sennenhunde. Ja, ich habe auch jahrelang einen Jack Russel gehabt und jetzt habe ich noch 2 Malteser aus dem Tierschutz und den Labbi Emma, meinen Rettungshund beim DRK.

Der Berner ist einmalig: Wenn ihr ein super Team geworden seid, dann brauchst du manchmal nur ein Geräusch zu machen, damit er weiß, was er machen soll, oder ein dezentes „sitz“ zu sagen und er sitzt bei dir. Jeder ist beeindruckt von den löwenähnlichen Hunden mit ihrer beeindruckenden Mähne, ihrem glänzenden Fell und wiederum von ihrer Anhänglichkeit und ihrem einnehmenden Wesen.

Rocky, meinen ersten Berner, musste ich einmal aus dem Tierheim abholen, weil er dem Geruch einer läufigen Hündin gefolgt war. Die Polizei und die Mitarbeiter im Tierheim haben diesen tollen, kuscheligen und freundlichen Hund gelobt. Mir war das alles total peinlich, aber er liebte es, auf unserer Morgenrunde einfach mal den Weg zu verlassen und einen neuen Weg auszuprobieren.

Berner sind Seelenhunde, sie passen auf uns auf. Sie sind da für uns und bringen uns ein Lächeln ins Gesicht. Meine Welpenkäufer haben leuchtende Augen, wenn es um ihr Baby geht, beim ersten Mal oder auch beim Abholen. So wie es die Glückkatze gibt, eine dreifarbige Katze, so ist der Berner der Glückshund …

Einmal Berner … immer Berner

Auswahlbibliographie

Arce, José: *José Arce's Praxisbuch. Individuelle Wege zum perfekten Mensch-Hund-Team*. Gräfe und Unzer Verlag, München 2016

Arce, José: *José Arce's Welpenbuch. Ein gutes Team von Anfang an – erziehen mit Bauchgefühl*. Gräfe und Unzer Verlag, München 2017

Arce, José: *Liebe deinen Hund. Wie Sie beim Gassigehen die Beziehung stärken*. Gräfe und Unzer Verlag, München 2019

Arce, José: *Meine 5 Geheimnisse für eine glückliche Mensch-Hund-Beziehung*. Gräfe und Unzer Verlag, München 2014

Arce, José: *Mensch & Hund. Durch Verantwortung Liebe und Sicherheit schenken*. Franckh-Kosmos Verlag, Stuttgart 2022

Both, Sarah: *Abenteuer Hundebegegnungen. Andere Hunde treffen ohne Stress. Leinenaggression beheben – Impulskontrolle steigern*. Verlag Herz & Verstand, Wiehl 2022

Forsbach, Beate: *Der Himmel hat einen neuen Stern. Abschied vom Seelenhund*. Edition Forsbach, Bamberg 2022

Forsbach, Beate: *Senta & ich. Vom Glück des Lebens mit einem Hund*. Edition Forsbach, Bamberg 2023

Günther, Bernd: *Berner Sennenhund. Alles Wissenswerte über den Berner Sennenhund. Haltung, Zucht, Erziehung, Ausstellung, Gesundheitsfürsorge*. 5. Auflage, Kynos Verlag, Mürlenbach 2004

Hay, Louise: *Vertraue dem Leben! Liebevolle Botschaften für jeden Tag*. 2. Aufl. Allegria, Berlin 2019

Körzdörfer, Norbert: *Kein Leben ohne Hund: Für Ruby*. Diederichs Verlag, München 2012

Piepgras, Ilka: *Das Tier meines Lebens. Wie mein Hund aus mir einen anderen Menschen machte*. DuMont Buchverlag, Köln 2022

Schneider-Weissbaum, Anita: *Berner Sennenhund. Das große Rassehandbuch*. Müller Rüschlikon Verlag, Stuttgart 2007

Internetseiten

Ansteckende Emotionen: Hunde und ihre Besitzer fühlen gleich (Stacey Colino). www.nationalgeographic.de/tiere/2021/10/ansteckende-emotionen-hunde-und-ihre-besitzer-fuehlen-gleich

Anti-Giftköder-Training kann Hundeleben retten! www.fressnapf.de/magazin/hund/erziehung/anti-giftkoeder-training

Hunde erkennen Menschen mit schlechter Absicht – Studie bestätigt die These. www.landtiere.de/weitere-tiere/menschen-studie-gespuer-absichten-vertrauen-verhalten-hunde-erkennen-boese-zr-91792553.html

Hundehaltung: 15 Fragen vor dem Hundekauf. www.deine-tierwelt.de/magazin/hundehaltung-15-fragen-vor-dem-hundekauf

In der Pubertät nicht verzweifeln. www.von-den-cheruskerquellen.com/der-berner/erziehung

Ist der Berner Sennenhund der richtige Hund für mich? Haltung, Erziehung und Ausbildung. www.bernersennenhund.ch/haltung

Mit 60 oder 70 noch einen Welpen? bildung-ab-50.de/hund-fuer-aeltere-menschen/#Mit_60_oder_70_noch_einen_Welpen

Ratgeber: 5 Gründe, warum Senioren einen Hund haben sollten. bildung-ab-50.de/hund-fuer-aeltere-menschen

Top 10 der am wenigsten aggressiven Hunderassen. de.like.it/top-10-der-am-wenigsten-aggressiven-hunderassen/4?q=

Welche Hunderassen eignen sich für Senioren und Rentner? bildung-ab-50.de/welche-hunderassen-eignen-sich-fuer-senioren-und-rentner

Welpenratgeber: Tipps zum Umgang mit Ihrem neuen Familienmitglied. www.naturavetal.de/ratgeber/welpenratgeber

Danke

Dieses Buch verdankt anderen Menschen sehr viel, vor allem auch vielen Menschen mit ihren Hunden. Nicht alle habe ich in meinem Buch erwähnt, aber ich habe an alle gedacht und mich an unsere schönen Erlebnisse erinnert.

So bedanke ich mich für eure Freundschaft und besondere Momente: Renée & Lothar mit Karla, Marion mit Kiko, Michaela mit Mexchen, Karin mit Malea, Gaby mit Minosch & Jascha, Marion mit Zino & Tamme, Christine mit Alfie, Rudi mit Rocky, Angelika & Klaus mit Frieda, Kerstin mit Gretli, Brigitte mit Finchen, Silke mit Wilma, Steffi mit Fibi & Dayo, Petra, Susanne und alle Mitglieder unserer Gruppe Berner 2022 Nike/Daisy, Joachim, Birgit, Hanne und last but not least Hundepatentante Conny sowie das „Gassi-Team" mit Stella, Marek, Henriette, Sophia, Michaela und Nick.

Dankbar bin ich unseren Freunden in Bamberg, auf Fehmarn und in Armentarola, und auch all den bekannten und unbekannten Menschen, die auf Facebook so großen Anteil genommen haben, als es hieß: „Und dann kam Frieda." Mein besonderer Dank geht an Sandra Dorn und Dr. Stefan Hartmann: Ihr habt einige Einladungen mit Frieda „durchgestanden", und du lieber Stefan, hast die Segnung bei unserer kleinen Tauffeier so schön durchgeführt.

Meinem Mann Hans Christian bin ich dankbar für seinen lebenslangen Wunsch nach einem „Hündchen" und seiner Liebe zu Senta. Ohne ihn hätte ich Senta nie in unser Leben geholt. Meiner Seelenhündin Senta bin ich dankbar für viele glückliche gemeinsame Erlebnisse. Von jenseits der Regenbogenbrücke hat sie mir Frieda geschickt.

Ich bedanke mich ganz herzlich bei dir, liebe Frauke, dass du mir Frieda ohne Bedenken anvertraut hast. Bereits am ersten Abend unseres Kennenlernens hast du den Titel dieses Buches geprägt: *Und dann kam Frieda*. Das war zuerst nur als letztes Kapitel in meinem Buch *Senta & ich. Vom Glück des Lebens mit einem Hund* geplant, bis ich ein paar Tage später die Idee zu diesem „etwas anderen Welpenbuch" hatte. Du hast sofort zugestimmt, das Buch mit mir gemeinsam zu schreiben – es war eine angenehme, konstruktive und inspirierende Zusammenarbeit. Nie vergesse ich meinen ersten Abend ganz alleine, zum ersten Mal ohne Hund, in Armentarola. Du hast mich herzlich getröstet mit dem Foto eines Berner Sennenwelpen und hast dazu geschrieben: „Beim nächsten Mal mit Frieda!“

Bei unserem Tierarzt Dr. Torsten Keil und seinem Team bedanke ich mich herzlich für die liebevolle Behandlung der kleinen Frieda.

Bei unseren Hundefriseuren Erika und Tobias Bachmann bedanke ich mich, dass sie Frieda immer wieder zum „schönsten Hund“ der Welt machen.

Ein großes Dankeschön geht an José Arce für alles, was ich von ihm lernen durfte, ganz besonders auch für sein Welpenbuch, das sehr hilfreich für mich war.

Ein Dankeschön und ein Leckerli geht auch an Frieda, meine junge Berner Sennenhündin: Sie ist nun mein Verlags-Maskottchen als Nachfolgerin von Senta. Sie weiß inzwischen, wann es besser ist, Frauchen nicht beim Schreiben und Telefonieren zu stören. Sie kennt aber auch die richtigen Momente, wenn wieder ein Spaziergang im Wald angebracht ist.

Bamberg, im Juli 2024 Beate Forsbach

Frieda, das Verlagsmaskottchen

Danke von Frauke

Ich bedanke mich bei dir, liebe Beate, dass ich dieses Buch, diese Reise mit dir gehen darf.

Es ist spannend und aufregend. Ich hoffe, dass wir ganz vielen Leuten ein Lächeln ins Gesicht zaubern, wenn sie in unseren Erzählungen ihre Erlebnisse mit ihren Bernern wiederfinden oder durch dieses Buch motiviert werden, sich auch oder wieder einen Berner zu holen.

Ich bedanke mich bei Vivi Marter und Anouk Peter. Beide sind immer für meine Hunde da, wenn ich sie brauche. Anouk hat schon sooo viele schöne Fotos für mich und meine Welpenkunden gemacht. Und beide Mädels teilen zu gerne mit den Hunden das Sofa, das Bett und den Hundekorb. P. S.: bei mir dürfen die Berner nicht aufs Sofa …

Meiner Freundin und Bernerzüchterin Andrea Klasen gilt für mittlerweile sieben Jahre ein großer Dank. Ich habe so viel von ihr gelernt und habe die zwei wundervollsten Hunde (Nike und Phil) der Welt von ihr bekommen. Auch bin ich über sie an Daisy, Bibi und Anuk gekommen, und wenn sie mich nicht manchmal bremsen würde, dann hätte ich bald mehr Berner als Ponys. Lach … danke Andrea, dass du immer für mich da bist.

Ich bedanke mich bei Sina Reuter, meine damalige Auszubildende, die jeden Morgen mit einem Lächeln im Gesicht das Welpenzimmer sauber gemacht hat … 19 Welpen machen keinen Dreck! Oder mir bei der Raubtierfütterung geholfen hat.

Vielen Dank an meine Tierärztin Molly, die immer wieder zu uns nach Hause kommt und mit viel Engagement und Liebe die Welpen impft, untersucht und chipt. Ich bin so froh, dass sie das immer macht, gerade mit 19 Welpen ist es eigentlich schwer möglich, in die Praxis zu fahren.

Und nicht vergessen möchte ich den Hundeladen Tiedemann in Bargteheide, der uns mit Futter, Rat und Tat und den wunderschönen Geschirren weiterhilft.

Bei allen, die ich jetzt namentlich vergessen habe zu erwähnen, möchte ich mich auch noch einmal bedanken, dazu gehört natürlich mein Hauptjob, die Reitanlage, die Familie, die sich zeitlich nach den Hunden richten muss und die DRK Rettungshundestaffel Reinbek, die meine Unpünktlichkeit in Kauf nimmt.

Die Berner sind eine so schöne Rasse, die einem täglich ein Lächeln ins Gesicht zaubern.

Ich würde immer wieder diese Rasse wählen, für mich ist es der Traum von Hund.

Delingsdorf, im Juli 2024 Frauke Daerr

Zu den Autorinnen

Beate Forsbach, Dr. phil., geb. 20. Mai 1952 in Weddinghusen/Norderdithmarschen, lebt mit der Berner Sennenhündin Frieda in der Weltkulturerbestadt Bamberg.

Sie schreibt und publiziert seit über 37 Jahren mit großer Leidenschaft.

Sie ist Autorin von bislang 31 Büchern, mit denen sie das Leben für die Leser etwas besser machen möchte.

Sie berät Menschen, die ein eigenes Buch veröffentlichen möchten und unterstützt sie auf dem Weg von der Idee bis zur Publikation, auch in wissenschaftlichen Buchprojekten. Sie hilft angehenden Autoren, ihren Traum vom eigenen Buch zu verwirklichen und ihre einzigartige Geschichte in einem Buch zu veröffentlichen.

In den letzten 17 Jahren hat sie mehr als 700 Autoren und angehende Autoren begleitet, ihre Sichtbarkeit und ihren Expertenstatus durch ein Buch deutlich zu steigern.

Selbstständige, Coaches, Trainer, Ärzte, Therapeuten und andere Unternehmer sind mit Spaß und Leichtigkeit gemeinsam mit ihr ihren Weg des „Erfolgs mit Herz" gegangen, um ihr erstes, fünftes oder 20. Buch zu schreiben, zu veröffentlichen und zu vermarkten.

Durch ihr exklusives 1:1 Mentoring-Programm, ihr Teamwriting-Angebot und ihr Onlineprogramm schaffen es ihre Kunden, ihren Traum vom eigenen Buch zu verwirklichen.

Unter dem Motto *Bücher mit Herz* produziert sie in ihrem eigenen Verlag, der Edition Forsbach in Bamberg, Bücher mit positiven Gedanken für ein positives, gelingendes Leben.

Kontakt:
Dr. Beate Forsbach

Küchelstraße 9
96047 Bamberg

Telefon: +49 951 96439936
E-Mail: info@beateforsbach.de

Persönliche Homepage: www.beateforsbach.de
Edition Forsbach: www.edition-forsbach.de

Frauke Daerr, geb. 4.7.1972 in Lübeck, lebt in Delingsdorf/Schleswig-Holstein auf ihrem eigenen Reiterhof.

Seit 1998 hat sie Berner Sennenhunde. Rocky, ihr erster Berner Rüde, ist fast 13 Jahre alt geworden. Sie kaufte ihn in der Eifel und zog mit ihm nach Wahrendorf bei Lensahn.

Nach sieben Jahren gepachtetem Hof betreibt die staatlich anerkannte Erzieherin und Diplom-Sozialpädagogin seit Oktober 2005 ihren eigenen Reit-und Ferienhof Delingsdorf bei Bargteheide. Dort züchtet sie seit 2011 Berner Sennenhunde.

Sie ist nicht nur Züchterin, sondern eine echte Berner-Expertin. Mittlerweile hat sie ihren neunten Berner und lebt zur Zeit mit fünf Bernern zusammen: Deckrüde Phil 2017, Nike 2017 geht dieses Jahr in

Rente, Daisy 2018, Bibi 2021 und Jakira 2024. Ihre Berner leben alle mit im Haus, es sind Familienhunde. Sie sind aber auch Wach- und Hütehunde und können das auf dem Reiterhof jeden Tag ausleben.

Frauke Daerr liebt diese Rasse, den Charakter, die Farbe und das Gemüt: auf der einen Seite diese Ruhe und Dickfälligkeit, auf der anderen Seite das wache und „ich bin der Mittelpunkt". Und das Kuscheln: Der Berner glaubt, auch wenn er schon ausgewachsen ist, dass er noch ein Schoßhund ist.

Es sind große Teddybären mit dem Herzen am rechten Fleck … aber auch Wachhunde, Rettungshunde oder Therapiehunde. Der Berner kann sehr vielseitig sein und möchte es einem immer recht machen.

Frauke Daerr ist Mitglied im ICR – Internationaler Club für Rassehunde und Katzenzucht e.V.

Kontakt:
Frauke Daerr

Lübecker Straße 30a
22941 Delingsdorf

Tel.: 04532/ 26 52 61
Fax: 04532/ 26 62 44
Mobil: 0171/ 23 10 352

E-Mail: reitstall.daerr@freenet.de

Berner-Homepage: berner-von-delingsdorf.de
Homepage Reitstall: www.reitstall-daerr.de

Beate Forsbach

Senta & ich

Vom Glück des Lebens mit einem Hund

14,8 x 21 cm, 212 Seiten mit farbigen Abbildungen
ISBN 978-3-95904-110-2
Edition Forsbach 2023

Eine glückliche Mensch-Hund-Beziehung

Eigentlich wollte ich nie einen Hund haben. Ich hatte Senta in unser Leben geholt, weil mein Mann Hans Christian schon immer einen Hund haben wollte. Und als er gestorben war, hätte ich Senta am liebsten weggegeben.

Und dann wurde sie mein Seelenhund und ich konnte mir ein Leben ohne sie gar nicht mehr vorstellen.

Aber das passierte nicht über Nacht. Stattdessen fand ich jeden Tag ein kleines bisschen besser in meine neue Rolle als Hundefrauchen hinein.

Mein Leben bekam einen neuen Sinn und eine tiefgehende, neue Klarheit.

Bis zu dem Tag, als Senta starb – da schien die Welt unterzugehen. Doch am Himmel gab es einen neuen Stern, der mir Mut und Zuversicht zublinkte.

So handelt das letzte Kapitel von meiner Entscheidung für einen neuen Hund:
... und dann kam Frieda.

Beate Forsbach

Der Himmel hat einen neuen Stern

Abschied vom Seelenhund

11,5 x 18 cm, 100 Seiten mit farbigen Abbildungen
ISBN 978-3-95904-196-26
Edition Forsbach 2022

Abschied vom Seelenhund

Als ihre Berner Sennenhündin Senta starb und Beate Forsbach ihre Trauer darüber öffentlich machte, erreichten sie Hunderte von Beileidsbekundungen über alle Kanäle.

Viele Menschen erzählten von ihren kranken oder verstorbenen Tieren. Von ihrer tiefen Trauer und von der Einsamkeit, wenn sie am Morgen kein fröhliches Bellen mehr begrüßt. Und auch von dem Schmerz, wenn sich für manche Mitmenschen durch den Tod des Hundes nichts verändert hat.

Viele Menschen haben auch Angst vor „dem Tag“, an dem sie ihren geliebten Hund gehen lassen müssten. Ob man den richtigen Moment erkennt und wie man damit umgeht.

Beate Forsbach möchte Hundebesitzern Kraft geben für die letzten Tage und für die Zeit nach dem Verlust, um die Trauer um ihren Hund liebevoll anzunehmen.

Sie zeigt, wie wir uns auf das große Geschenk der Liebe einlassen können, das unser Hund uns in den letzten Momenten seines Lebens macht. Und welche Kraft und Zuversicht wir gewinnen, wenn wir annehmen, was wir von unserem Hund lernen können.

Ein inspirierendes Buch mit viel Gefühl für alle, die sich und ihrem Hund helfen wollen, Abschied zu nehmen – und um neuen Mut für das Leben danach zu gewinnen.